Andreas Lutz/Isabel Nitzsche

Praxisbuch Pressearbeit

W0176044

Andreas Lutz/Isabel Nitzsche

# Praxisbuch Pressearbeit

## So machen Sie sich, Ihr Unternehmen, Ihre Organisation bekannt

**2., aktualisierte Auflage**

Bibliografische Information der Deutschen Bibliothek
Die Deutsche Bibliothek verzeichnet diese Publikation in der Deutschen Nationalbiblio-
grafie; detaillierte bibliografische Daten sind im Internet über http://dnb.ddb.de abrufbar.

Redaktion: Cornelia Rüping

ISBN 978-3-7093-0293-4

© LINDE VERLAG WIEN Ges.m.b.H., Wien 2010
1210 Wien, Scheydgasse 24, Tel.: 0043/1/24 630

www.lindeverlag.de
www.lindeverlag.at
Umschlag: buero8
Druck: Hans Jentzsch & Co. GmbH
1210 Wien, Scheydgasse 31

# Inhalt

# Vorwort

## Ein Zeitungsartikel kostet nichts und ist glaubwürdiger als jede Anzeige

Der Businessplan ist geschrieben, die Fördergelder sind bewilligt, das Büro ist eingerichtet – jetzt kann es losgehen. Was noch fehlt, sind die Kunden. Damit diese auch von Ihrem neuen Unternehmen erfahren, ist es äußerst hilfreich, wenn die Medien über Sie berichten. „Pressearbeit – das ist doch nur etwas für die Großen", so denken viele Gründer und Selbständige – und vergeben damit eine wichtige Chance. Denn ein Zeitungsartikel wird mehr beachtet als jede Anzeige. Er ist zudem sehr viel glaubwürdiger als Werbung, von der Ihre Kunden wissen, dass sie die positiven Seiten stark betont. Gerade Gründer und Selbständige können die Medien nicht nur mit Fakten und der Darstellung ihres Unternehmens überzeugen, sondern auch mit ihrer persönlichen Geschichte.

In diesem Buch erfahren Sie, unter welchen Bedingungen Journalisten arbeiten und wie sie denken. Denn nur wenn Sie diese entscheidende Zielgruppe richtig verstehen, wird es Ihnen gelingen, sie zu Freunden – statt zu Feinden – zu machen. Und nur so werden Sie es mit Ihrer Pressearbeit in die Medien schaffen. Deshalb haben wir uns zusammengetan, um dieses Buch zu schreiben: ein Selbständiger, der erfolgreich Pressearbeit betreibt, und eine erfahrene Journalistin, die den Arbeitsalltag in Zeitschriftenredaktionen, beim Fernsehen, in Nachrichtenagenturen sowie die Denk- und Verhaltensweise ihrer Redaktionskollegen aus erster Hand kennt.

Erfolgreiche Pressearbeit ist mit einfachen Mitteln und ohne großes Budget möglich, wenn Sie verstehen, was Journalisten von Ihnen brauchen, und genau dies liefern. Finden Sie zugkräftige Themen für Ihre Pressemitteilung und formulieren Sie diese spannend. Damit sorgen Sie dafür, dass Ihre Pressemitteilung nicht wie hunderte andere im Redaktionspapierkorb landet oder dem Delete-Button zum Opfer fällt. Zudem erfahren Sie, wie Sie am besten Kontakt zu den Medien aufnehmen und halten. Dabei geht es nicht nur um Zeitungs- und Zeitschriftenredaktionen, sondern auch darum, ob es sich lohnt, Radio-, TV- und Online-Medien anzusprechen. Sie erhalten Tipps, wie Sie dabei am besten vorgehen – damit Sie für die Medien zum geschätzten Interviewpartner werden, der immer wieder gerne befragt wird.

Pressearbeit und Journalismus haben sich in den letzten Jahren durch das Internet stark verändert. Jeder kann Pressemitteilungen über riesige Verteiler per E-Mail versenden – aber erfolgreich ist er damit noch lange nicht. Anhand aktueller Beispiele zeigen wir Ihnen, wie Sie E-Mail und Web gezielt einsetzen, um Ihre Pressemitteilungen zu versenden, einen Blog zu betreiben und den Erfolg der Presseaktivitäten zu kontrollieren.

Unser Buch ist mit seinen Fallbeispielen, Erfahrungsberichten und zahlreichen Praxistipps nicht nur für Gründer und Selbständige interessant, sondern auch für Institutionen und Organisationen wie zum Beispiel Vereine, die mit geringem personellem Aufwand und kleinem Budget Pressearbeit machen.

Wir leben in einer Informationsgesellschaft oder, wie Experten sagen, in einer „Ökonomie der Aufmerksamkeit": Die eigentliche Währung ist die Beachtung, die eine Person, ein Unternehmen oder eine Institution erhält. Machen Sie sich klar, dass Ihnen die aus erfolgreicher Pressearbeit gewonnene Glaubwürdigkeit einen ganz entscheidenden Wettbewerbsvorteil verschafft – denn Glaubwürdigkeit ist immer Grundlage einer erfolgreichen Geschäftsbeziehung.

In diesem Sinne wünschen wir Ihnen viel Erfolg mit Ihrer Pressearbeit!

München, im Januar 2010          *Andreas Lutz und Isabel Nitzsche*

# 1. Was Presse-
# arbeit nicht ist

Auch wer schon Erfahrungen mit Marketing und Werbung gemacht hat, sollte sich Folgendes klarmachen: Pressearbeit funktioniert nach eigenen Regeln. Sie lernen nun die zehn häufigsten Irrtümer kennen und erfahren, warum Pressearbeit als Angebot für die Journalisten verstanden werden sollte.

Wer sich noch nicht mit dem Thema Pressearbeit beschäftigt hat, macht sich oft eine falsche Vorstellung davon, was darunter zu verstehen ist. Die häufigen Irrtümer bei der Zusammenarbeit mit Medien wollen wir nun erst einmal ausräumen.

## Pressearbeit ist *keine* Auftragskommunikation

Sie wollen eine Anzeige schalten, um Ihr Business bekanntzumachen? Dann beauftragen Sie eine Zeitung oder Zeitschrift damit, Ihre Anzeige abzudrucken, oder Sie schalten einen Spot im Radio oder Fernsehen oder buchen online ein Werbebanner. Damit sind Kosten verbunden, das ist der Nachteil. Der Vorteil dabei: Die Anzeige sieht so aus, wie Sie sie sich vorstellen. Ganz anders läuft es bei der Pressearbeit. Selbst wenn Sie es noch so gern täten, Sie können die Journalisten nicht beauftragen, Ihre Pressemitteilung tatsächlich abzudrucken. Sie machen mit den Informationen, die Sie den Medien zur Verfügung stellen, immer nur ein Angebot. Grundsätzlich ist dies bei Journalisten auch gefragt, sie benötigen schließlich Stoff für ihre Berichterstattung. Sind Ihre Informationen für die Leser oder Zuschauer des jeweiligen Mediums interessant, wird Ihre Pressemitteilung abgedruckt oder Sie werden genannt beziehungsweise wörtlich zitiert.

## Pressearbeit bedeutet *keine* Hoheit an der Veröffentlichung

Was mit den Informationen passiert, die Sie an die Medien geben, ist nicht Ihre Entscheidung, sondern die der Journalisten. Sie legen nicht nur fest, ob sie daraus etwas für ihr Medium machen, sondern auch, was genau. Die Journalisten berichten möglichst objektiv über Tatbestände und informieren sich dazu aus verschiedenen Quellen, unter anderem vielleicht direkt bei Ihnen. Es kann sein, dass der fertige Artikel einen ganz anderen Tenor hat, als von Ihnen beabsichtigt. Vielleicht taucht Ihr Thema in einem Zusammenhang auf, der Ihnen nicht gefällt. Möglicherweise stellt jemand in dem Artikel eine Gegenthese zu Ihrer Argumentation auf.

Schlimmstenfalls kann es passieren, dass Ihre Aussagen völlig falsch wiedergegeben werden. Dieses Risiko steckt in der Pressearbeit. Je mehr Fakten Sie zur Verfügung stellen und je mehr Wert Sie darauf legen, den

Journalisten einen Sachverhalt so zu vermitteln, dass diese genau verstehen, worum es geht, desto besser werden Sie mit Ihrer Pressearbeit die gewünschten Ziele erreichen. Zudem minimieren Sie auf diese Weise Fehler bei der Berichterstattung.

### Tipp
### Kennzeichen journalistischer Tätigkeit

Sie werden von der Presse interviewt und wüssten gern, was die anderen Gesprächspartner sagen und wie der Artikel insgesamt aufgebaut ist? Das ist zwar verständlich, doch kein Profi wird Ihnen diesen Wunsch erfüllen. Er/sie wird Ihnen Ihre wörtlichen Zitate zum Gegencheck nur zukommen lassen, wenn Sie darum bitten. Schließlich bleibt es den jeweiligen Journalisten überlassen, wen sie noch befragen oder wie sie ihre Informationen verarbeiten. Bei kritischen oder strittigen Themen gehört es zum journalistischen Handwerk, stets auch die andere Seite zu hören – ob Ihnen das passt oder nicht. Ein Artikel dient der unabhängigen Information der Öffentlichkeit. Wenn eine der Parteien den Artikel vorab lesen würde, bestünde die Gefahr, dass sie auf den Inhalt Einfluss nehmen will. Von Unabhängigkeit kann dann nicht mehr die Rede sein. Machen Sie sich klar, dass Journalisten nicht Ihre persönliche Marketingabteilung sind.

## Pressearbeit heißt *nicht,* Artikel selbst zu schreiben

Manche Menschen verstehen unter Pressearbeit, dass sie selbst einen fertigen Artikel formulieren müssen. Natürlich stört es bei den Medien niemanden, wenn Sie Ihre Informationen mundgerecht in eine gut getextete Pressemitteilung verpacken. Im Gegenteil: Gerade wenn Redakteure unter Zeitdruck stehen, zum Beispiel bei Tageszeitungen kurz vor der Produktionsdeadline, wird gern auf Pressemitteilungen zurückgegriffen, mit denen schnell noch etwas Platz gefüllt werden kann. Große Konzerne mit eigenen Pressemitteilungen können so etwas auch gut leisten, weil sie dafür Profis beschäftigen. Von Gründern, Selbständigen oder sozialen Organisationen hingegen erwarten Journalisten nicht zwingend, dass sie veröffentlichungsreife Texte zur Verfügung stellen.

Vielmehr können Sie als Gründer/in oder Freiberufler/in mit Ihrer Einstellung punkten: Verhalten Sie sich gegenüber den Journalisten wie gegenüber Ihren Kunden; beiden sollten Sie möglichst gute und relevante Informationen anbieten. Auch die Bereitschaft, kurzfristig Interviews zu geben oder Sachverhalte und Hintergründe zu erläutern, selbst wenn Sie nicht zitiert werden, ist wichtiger als eine perfekt formulierte, aber womöglich inhaltsleere Pressemitteilung. Wenn Sie so vorgehen, dann entwickeln sich langfristige Kontakte zu Journalisten, die gerne auf Ihre Infos zurückgreifen, um sie in ihrer Berichterstattung zu verarbeiten. Und wenn Sie eine Pressemitteilung herausgeben wollen und dabei allein nicht weiterkommen, können Sie immer noch eine PR-Agentur beauftragen oder einen Profi-Schreiber bitten, Sie gegen Honorar beim Formulieren Ihrer Mitteilung zu unterstützen (siehe dazu Kapitel 10).

## Pressearbeit ist *keine* Holschuld der Medien

Natürlich wäre es schön, wenn die Medien von selbst auf Sie zukämen. Aber die Wahrheit ist: Dort wartet man nicht auf Sie. Im Gegenteil, die Arbeit in Redaktionen zeichnet sich vor allem dadurch aus, dass die Journalisten – außer während der Ferien- und Urlaubszeiten – aus einem Übermaß an Nachrichten, mit denen sie täglich konfrontiert sind, auswählen müssen. Immer größer wird die Flut an Informationen, und die Journalisten brauchen mehr und mehr Zeit für das Sichten und Auswählen, sodass immer weniger Raum für eigene Recherchen bleibt. Wenn Sie in die Presse wollen, müssen Sie also selbst aktiv werden. Pressearbeit ist eine Bringschuld.

## Pressearbeit heißt *nicht,* anderen mitzuteilen, was Sie interessant finden

Sie finden es sehr spannend, sich jetzt endlich mit Ihrer Geschäftsidee selbständig gemacht zu haben? Auch auf die Gefahr hin, dass dies nicht besonders charmant klingt: Sicher ist das eine schöne Sache, aber erst einmal nur für Sie. Wen soll und kann das noch interessieren? Genau bei dieser Frage setzt Pressearbeit an: Versetzen Sie sich in die Journalisten hinein. Was finden sie relevant, weil es für ihre Leser interessant und wichtig ist? Noch einmal: Pressearbeit funktioniert am besten, wenn Sie die Journalisten als Ihre Kunden und sich selbst als deren Dienstleister betrachten.

Der häufig zitierte Ausspruch „Der Wurm muss dem Fisch schmecken und nicht dem Angler" beschreibt den Sachverhalt perfekt und gibt deshalb ein gutes Leitbild für Pressearbeit in eigener Sache ab. Wichtig sind nicht Ihre persönlichen Kriterien, sondern Sie müssen sich darüber klar werden, warum Journalisten ein Thema spannend finden oder eben nicht. Wie Sie herausfinden, mit welcher Story Sie und Ihr Unternehmen die besten Chancen auf eine Veröffentlichung haben, erfahren Sie im nächsten Kapitel.

## Pressearbeit bedeutet *nicht* möglichst viel Masse

Was passiert, wenn Sie als Gründer/in oder Freiberufler/in eine Pressemitteilung verfassen und an viele Journalisten versenden? Meist gar nichts! Ihr Text landet nur in hunderten von realen oder virtuellen Papierkörben. Die Informationen sind für das jeweilige Medium oft gar nicht interessant. Das Prinzip, das Sie beachten sollten, ist dasselbe wie bei Bewerbungen um einen Job. Massenmails bringen nichts, weil sie nicht zielgerichtet sind.

Versenden Sie Ihre Pressemitteilung also besser nicht wahllos. Es lohnt sich zu überlegen, für wen eine Meldung interessant sein könnte, und erst einmal im Kleinen einzelne, aber passgenaue Kontakte zu suchen. Wenn Sie jemanden von der Presse anrufen und diese Person sich für Ihr Thema interessiert, haben Sie deutlich bessere Chancen, dass etwas dazu veröffentlicht wird. Wie Sie einen sinnvollen Verteiler erstellen, erfahren Sie in Kapitel 5.

## Pressearbeit ist *keine* Werbung

Öffentlichkeitsarbeit, also Public Relations (PR), unterscheidet sich ganz grundlegend von der Werbung. Bei Werbung geht es darum, ein Produkt-Image aufzubauen und Kaufimpulse zu geben. Sie funktioniert kurzfristig und quantitativ. Eine Anzeigenkampagne oder Werbespots laufen über einen begrenzten Zeitraum und sollen möglichst viele Kunden dazu bewegen, ein bestimmtes Produkt oder eine Dienstleistung zu kaufen. Werbung arbeitet sehr oft mit Bildern – die Spots der bekannten Automarken sind ein gutes Beispiel dafür, wie Bilder Emotionen hervorrufen, die die Kaufentscheidung beeinflussen sollen. Bei der Öffentlichkeitsarbeit hingegen – und das gilt auch, wenn Gründer/innen und Freiberufler/innen sie in eigener Sache betreiben – besteht das Ziel darin, ein Unternehmens-Image aufzubauen. Den Unternehmen geht es darum, sich mithilfe von Öffentlichkeitsarbeit sozial zu integrieren, wobei sie langfristig planen und einer qualitativen Strategie folgen. Anders als Werbung arbeitet Öffentlichkeitsarbeit mit Texten und sachlichen Informationen.

Allerdings ist dies selbst vielen Menschen, die hauptberuflich Pressearbeit betreiben, nicht immer klar. Anstatt beispielsweise detailliert zu erklären, was die Innovation eines Produkts im Vergleich zum Vorgängermodell ausmacht, verschicken selbst Profis immer wieder Pressemitteilungen, die mit werblichen Floskeln nur so gespickt sind. Auch Sie als Einzelunternehmer/in können sich durch die Vermittlung wirklich guter Informationen von Ihren Wettbewerbern abheben. Wie sehr Sie sich auf die Zielgruppe der Journalisten einstellen, hat nichts mit der Höhe Ihres Budgets, sondern mit Ihrem Know-how zu tun.

**Aus der Praxis**

## Öffentlichkeitsarbeit am Beispiel von Ilka Jeschke, Bürochaosmanagement

Sie bietet folgende Dienstleistungen an: Privat- und Geschäftssekretariat und vor allem Beratung zu Ablage-Systemen.

- Unternehmensimage: „Ordnung ist das halbe Leben"
- Soziale Integration: Ordnung zu halten fällt vielen Menschen schwer – im Büro oder auch zu Hause. Ihnen hilft Ilka Jeschke mit ihrer Dienstleistung. Auch wer nicht Kunde bei ihr ist, erhält unter www.buerochaos-management.de Tipps, um im eigenen Büro oder auf dem Schreibtisch Ordnung zu halten.
- Langfristig und qualitativ: Ilka Jeschke etabliert sich als glaubwürdige Quelle für die Medien in Bezug auf sämtliche Themen, die mit „Büro-Organisation" in Zusammenhang stehen.
- Text und Infos: zum Beispiel Pressemitteilungen („Frühjahrsputz im Büro") mit starkem Service-Charakter. Die Leser erhalten praktische Tipps, die sie sofort umsetzen können.

## Pressearbeit heißt *nicht*, für Veröffentlichungen zu bezahlen

Grundsätzlich sind bei den Medien Redaktion und Anzeigenabteilung voneinander getrennt. Die Journalisten berichten über Themen, die sie nach fachlichen Kriterien auswählen und von denen sie annehmen, dass sie für ihre Leser interessant sind. Deshalb ist Pressearbeit ein Informationsangebot an die Medien, das die Journalisten annehmen können oder nicht. Pressearbeit bedeutet nicht, für die Veröffentlichung eines Artikels zu zahlen. Sollten Redaktionen Ihnen anbieten, nur etwas zu veröffentlichen, wenn Sie auch eine Anzeige schalten, ist das unseriös. Denn unter solchen Umständen kann keine unabhängige Berichterstattung erfolgen. Bedenken Sie, dass vorgeblich redaktionellen Berichten in solchen Medien die Glaubwürdigkeit fehlt. Sie werden von den meisten Lesern als das wahrgenommen, was sie sind: verkappte Anzeigen.

Gehen Sie nicht darauf ein, wenn Redaktionen Ihnen ein solches Geschäft anbieten, denn auch Sie selbst würden damit unseriös handeln. Die Mitglieder der Deutschen Public Relations Gesellschaft e. V. (DPRG) etwa verpflichten sich dazu, gegenüber Journalisten keine unlauteren Mittel anzuwenden und sie nicht zur Vorteilsannahme zu verleiten. Das bedeutet beispielsweise, dass sie Journalisten kein Geld für redaktionelle Veröffentlichungen anbieten. Machen Sie sich klar: Je weniger Menschen sich an unseriösen Geschäften beteiligen, umso eher werden die Redaktionen ihre Versuche wieder einstellen. Sind Ihre Informationen wirklich gut, werden sie auch ohne Gegenleistung veröffentlicht, denn schließlich sind die Redaktionen darauf angewiesen, ihre Leser mit interessanten Inhalten zu versorgen.

## Pressearbeit heißt *nicht,* Journalisten ein angenehmes Leben zu ermöglichen

Journalisten werden mit Einladungen überhäuft, bei denen sie sich über ein Thema informieren sollen. Dabei versuchen PR-Verantwortliche oft, den Termin für die Journalisten so angenehm wie möglich zu gestalten, um sie positiv auf ein Thema einzustimmen. Natürlich gefällt es, wenn ein Termin zum Beispiel zur Mittagszeit mit einem schönen Essen verbunden ist. Doch auch wenn einem Journalisten ein noch so tolles Fünf-Gänge-Menü geboten wird, ist es nicht das, worüber er hinterher berichten kann. Er braucht unabhängig davon immer ein ansprechendes Thema und verwertbare Informationen. Es nützt also rein gar nichts, wenn die Verpackung eines Pressetermins toll ist und den Journalisten dabei alle Annehmlichkeiten geboten werden, es aber so gut wie gar keine inhaltliche Ausbeute gibt.

## Pressearbeit heißt *nicht,* Honorar für Veröffentlichungen zu erhalten

Selbst wenn Journalisten bei ihrer Berichterstattung hauptsächlich auf Ihre Informationen und auf Ihr Expertenwissen zurückgreifen oder sogar Ihre gesamte Pressemitteilung unverändert in der Zeitung abdrucken, bedeutet das nicht, dass Sie Honorar dafür erhalten. Die Medien gehen davon aus, dass Sie diese Informationen im Rahmen Ihrer PR-Arbeit kostenlos zur Verfügung stellen.

## 2. Mit welcher Story kommen Sie in die Presse?

Auf die Perspektive kommt es an! Es zählt nicht, was Sie berichtenswert finden, sondern dass Journalisten bei Ihrer Geschichte anbeißen. Finden Sie Aufhänger, um Ihre Story für die Medien interessant zu machen, und lernen Sie, wie Sie mit einer guten Story überzeugen können.

Nachdem wir mit einigen gängigen falschen Vorstellungen aufgeräumt haben, schließt sich gleich die Frage an: Wie komme ich denn nun in die Medien? Der klassische Weg ist, eine Pressemitteilung zu verfassen und diese an die Medien zu schicken. Ihre Zielgruppe sind dabei die Journalisten. Selbst wenn Sie Redaktionen erst einmal telefonisch auf Ihr Thema aufmerksam machen möchten, sollten Sie sich über die Anforderungen an die Inhalte im Klaren sein und die entsprechenden Argumente für eine Berichterstattung parat haben.

Als Erstes brauchen Sie eine gute Story, das ist das A und O. Wenn Sie nicht wissen, welche Kriterien dabei eine Rolle spielen, ist es müßig, sich Gedanken darüber zu machen, in welcher Form Sie Ihre Inhalte vermitteln oder wie Sie am besten Kontakte zu Journalisten aufbauen wollen. Was macht eine gute Story aus? In erster Linie geht es darum zu lernen, Ihr Thema durch die Brille von Journalisten zu betrachten.

## „Mann beißt Hund"

Sie hatten eine Geschäftsidee und jetzt sind Sie Unternehmer/in. Dazu haben Sie ja schon gelesen: Das ist erst einmal schön für Sie, aber als solches für die Medien noch nicht sehr interessant. Die zentrale Frage lautet: Was ist Ihre Story? Bedenken Sie, dass Journalisten täglich mit Nachrichten überflutet werden und aus dieser nahezu unüberschaubaren Menge für ihre Redaktionen die passenden Geschichten auswählen. In der kommunikationswissenschaftlichen Forschung werden sie daher auch als „Gatekeeper", also als Schleusenwärter, bezeichnet.

Nur wenn Ihre Geschichte überzeugt, werden Sie diese Hürde überwinden. Dabei gilt in erster Linie: Eine Nachricht wird erst zur Nachricht, wenn sie etwas mitteilt, das anders ist als das Übliche. „Hund beißt Mann" ist keine Schlagzeile, das passiert täglich auf der ganzen Welt und ist nichts Besonderes – „Mann beißt Hund" dagegen schon. Wie können Sie dieses Beispiel, das in der amerikanischen Journalistenausbildung häufig verwendet wird, für Ihre eigene Pressearbeit nutzen? Indem Sie überlegen, was Ihre Geschichte für die Medien interessant machen könnte. Denn nur wenn diese Voraussetzung erfüllt ist, lässt der journalistische Schleusenwärter Ihre Nachricht als interessante Information für seine Leser passieren und veröffentlicht sie.

## Was macht den Nachrichtenwert Ihrer Geschichte aus?

Ob ein Thema für die Medien interessant ist, hängt davon ab, inwiefern es die wichtigen Nachrichtenfaktoren bedient. In der kommunikationswissenschaftlichen Forschung wurden diverse Untersuchungen zum Thema „Nachrichtenfaktoren" durchgeführt. Die folgenden zehn haben sich bewährt, um in der Praxis Themen zu finden:

- Geografische Nähe (lokal, regional)
- Aktualität (zum Beispiel ein Erdbeben)/geplante Aktualität
- Prominenz
- Fortschritt
- Human Interest
- Folgenschwere
- Folgenschwere
- Dramatik
- Konflikt
- Kuriosität
- Sex/Liebe

Im Folgenden finden Sie Beispiele, die Ihnen erklären, wie diese Nachrichtenfaktoren funktionieren. Im weiteren Verlauf wenden wir sie dann auf den Alltag von Gründern, Selbständigen und kleinen Organisationen an.

### Nähe

Wenn in Ihrer Stadt ein schwerer Verkehrsunfall passiert, ist das für den Lokalteil Ihrer Tageszeitung von Bedeutung. Fegt ein Sturm wie „Kyrill" im Januar 2007 über ganz Deutschland hinweg, interessiert das alle deutschen Medien, weil das ganze Land davon betroffen ist.

### Aktualität

Vor Naturkatastrophen gibt es zwar manchmal Warnungen oder Vorhersagen, aber was wann genau passieren wird, weiß man nicht. Ein Erdbeben, eine Überschwemmung oder ein Vulkanausbruch sind Naturereignisse, die niemand vorher genau absehen und einschätzen kann. Außerdem sind die Medien voll von Berichten über Begebenheiten mit sogenannter geplanter Aktualität wie Jubiläen oder Auswirkungen von Gesetzen, die zu einem bestimmten, meist vorab festgelegten Datum in Kraft treten, wie etwa die Mehrwertsteuererhöhung 2007.

## Prominenz

Wenn ein unbekannter Mann und eine unbekannte Frau Eltern werden, ist das außer für das private Umfeld der beiden keine besonders interessante Nachricht. Ganz anders, wenn die Eltern zum Beispiel dem britischen Königshaus angehören.

## Fortschritt

Der Nachrichtenfaktor „Fortschritt" beinhaltet, dass sich etwas für einen großen Teil der Menschheit oder die gesamte Gesellschaft verbessert – zum Beispiel durch die Entwicklung eines neuen Aids-Medikaments, das die Lebenserwartung von Aids-Kranken deutlich erhöht.

## Human Interest

Darunter fällt alles, wobei man menschlich mitfühlen kann: Ein Liebespaar ist 50 Jahre getrennt, trifft sich wieder und heiratet dann endlich. Oder ein treuer Hund bringt sich selbst in Gefahr und rettet ein Kleinkind, das in einen Fluss gefallen ist.

## Folgenschwere

Hierzu werden Ereignisse gezählt, deren Folgen wichtig für ein Land oder größere Bevölkerungsgruppen sind: Das Erdbeben in Pakistan im Oktober 2005, das circa 90.000 Tote forderte und riesige Landstriche verwüstet hat, gehört ebenso dazu wie die Folgen der Mehrwertsteuererhöhung von 16 auf 19 Prozent zum 1. Januar 2007 in Deutschland.

## Dramatik

Ein Beispiel für die dramatische Komponente: Afrikanische Flüchtlinge verdursten während der Überfahrt nach Europa in einem kleinen seeuntüchtigen Boot, weil sie für die Reise nicht richtig ausgerüstet sind. Oder: Tibetische Kinder fliehen mit Plastikschlappen an den Füßen über den Himalaya nach Indien.

## Konflikt

Die Berichterstattung über Kriege, zum Beispiel im Irak, oder über den Konflikt zwischen Israelis und Palästinensern fällt ebenso in diese Kategorie wie Meldungen über Nachbarschaftsstreitigkeiten.

## Kuriosität

Ein kurioses Phänomen war es, dass im Januar des Jahres 2007 eines Nachts fast 18 Grad Celsius am Königssee gemessen wurden: sommerliche Temperaturen mitten im Hochwinter.

## Sex/Liebe

Ganz offensichtlich zählen Berichte über Swinger-Clubs dazu. Ebenso ist die gesellschaftliche und gesetzliche Anerkennung gleichgeschlechtlicher Partnerschaften ein Thema, das nicht nur mit dem Themenbereich Fortschritt, sondern eben auch mit Sex und Liebe zu tun hat.

Ereignisse, Begebenheiten und Themen auf diese Art zu betrachten mag Ihnen vielleicht zynisch erscheinen. Aber beobachten Sie sich einmal selbst: Welche Nachrichten fallen Ihnen beim Zeitunglesen auf und beim Fernsehen ins Auge? Wie oft lesen Sie ausführlich „Die Zeit" oder sehen sich eine künstlerisch wertvolle TV-Dokumentation auf „Arte" an? Interessanterweise werden ja auch viele Zeitschriften angeblich nur beim Frisör oder beim Arzt gelesen – genauso wie kaum jemand bei McDonald's isst. Dennoch werden immer neue Fastfood-Filialen eröffnet und kommen ständig neue People-Magazine à la „Gala", „Instyle" oder „Park Avenue" auf den Markt.

### Übung
### Mit welcher Story haben es andere in die Medien geschafft?

Egal ob Sie eine Tages- oder eine Boulevardzeitung lesen, Radio hören oder fernsehen: Achten Sie darauf, wer es als Gründer, Selbständiger oder Institution in die Medien geschafft hat. Hinterfragen Sie, welche Nachrichtenfaktoren dabei ausschlaggebend waren. Auf diese Weise entwickeln Sie nach und nach ein Gefühl dafür, welche Storys bei welchen Medien funktionieren. Wenn Sie Ihre Aufmerksamkeit trainieren, werden sich ganz automatisch kreative Ideen für Ihre eigene Pressearbeit ergeben.

## Wie Nachrichtenfaktoren zusammenwirken

Über den Tsunami, der am 26. Dezember 2004 über Südostasien wütete, wurde anfangs nur kurz, dann aber über Wochen und Monate hinweg immer wieder sehr ausführlich berichtet. Das war ungewöhnlich, denn bei anderen Naturkatastrophen erschöpft sich das Interesse der internationalen Medien meist schnell und sie wenden sich neuen Schreckensschauplätzen zu. Dies gilt selbst dann, wenn die Betroffenen noch Jahre später darunter leiden, dass sie beispielsweise keine Behausung mehr haben oder ihre Arbeitsplätze zerstört sind. Doch wenn Sie die Nachrichtenfaktoren einmal genauer betrachten, werden Sie verstehen, warum dieser Tsunami einen solch großen Widerhall in der Berichterstattung gefunden hat. Immerhin neun von zehn Faktoren waren bei diesem Ereignis relevant.

### Nähe

Vielen Deutschen ist Thailand als Urlaubsland vertraut. Beim Ausbruch des Tsunami verbrachten zahlreiche Deutsche gerade ihre Ferien in der betroffenen Region. Eine große Zahl von Menschen wurde zunächst vermisst, über 500 Deutsche starben, viele verloren Angehörige.

### Aktualität

Der Tsunami ereignete sich am 26. Dezember 2004. In den Tagen und Wochen danach war das Thema aktuell, es wurde sehr oft darüber berichtet. Wenn jetzt noch etwas dazu veröffentlicht wird, hat das einen anderen Grund, das Thema an sich ist nicht mehr zeitlich aktuell.

### Prominenz

Die Schauspielerin Natalia Wörner machte mit ihrem Partner Urlaub in Thailand und berichtete später einer Frauenzeitschrift, wie sie die Erlebnisse verarbeitet hat.

### Fortschritt

In der Zeit nach dem Tsunami wurde darüber berichtet, wie ein Frühwarnsystem entwickelt werden sollte. Ein anderer Aspekt, der ebenfalls zum Nachrichtenfaktor „Fortschritt" zählt: Die Medien berichten darüber, wie der Aufbau der zerstörten Regionen vorangeht.

### Human Interest

Hierunter fallen die vielen Einzelschicksale, die menschliches Interesse und Mitgefühl auslösen: Innerhalb von Sekunden haben Kinder ihre Eltern oder Eltern ihre Kinder verloren, Angehörige sind getötet worden.

### Folgenschwere

Die Bilanz nach dem Tsunami: über 230.000 Tote und große zerstörte Regionen in 13 Ländern Südostasiens, Südasiens und Ostafrikas.

### Dramatik

Der Tsunami selbst ist ein dramatisches Ereignis: eine riesige Flutwelle, die aus dem Nichts die Menschen im Meer und am Strand überrascht und viele mit sich reißt.

### Konflikt

Das Privatfernsehen sendete Interviews mit Touristen, die während der Aufräumarbeiten ihren Urlaub ungerührt am Strand fortsetzten. Auf der anderen Seite appellierten zum Beispiel thailändische Tourismusverantwortliche an ausländische Gäste, ihren Urlaub nicht zu stornieren, um dem Land weiteren materiellen Schaden zu ersparen. Die Frage, wie man sich in einer solchen Situation als Tourist im betroffenen Land verhalten soll, bietet reichlich Konfliktstoff.

### Kuriosität

Es wurde über ein Kind berichtet, das seine Familie antrieb, schnell vom Strand zu fliehen. In der Schule war kurz zuvor das Thema Tsunami durchgenommen worden, deshalb hatte es die Gefahr sofort realisiert.

## Machen Sie sich interessant: von der Theorie zur Praxis

Natürlich lassen sich im Zusammenhang mit dem Tsunami noch andere Beispiele zu den jeweiligen Nachrichtenfaktoren finden. Daraus besteht das Tagesgeschäft von Journalisten: Oft suchen sie aktiv nach weiteren Geschichten, anhand derer sich über ein Thema von aktuellem Interesse berichten lässt.

An dieser Stelle geht es darum zu verstehen, wie wichtige Nachrichtenfaktoren grundsätzlich funktionieren. Das Beispiel Tsunami zeigt, wie die unterschiedlichen Nachrichtenfaktoren immer wieder andere Facetten eines Themas interessant machen, sodass die Berichterstattung über lange Zeit nicht abreißt. Das Thema bekommt große Bedeutung, weil so viele Nachrichtenfaktoren relevant sind und zusammenwirken.

## Beispiele: Nachrichtenfaktoren und wie sie wirken

Wie die Suche nach den Nachrichtenfaktoren für Sie selbst als Unternehmer oder Unternehmerin funktionieren kann und welche Wirkung Sie damit erreichen können, zeigen folgende Beispiele.

- Indem Sie als Unternehmer kurzentschlossen eine Hilfsaktion für die Opfer einer Naturkatastrophe initiieren, über die gerade breit in den Medien berichtet wird, verbinden Sie die Nachrichtenfaktoren „Aktualität" und „Nähe". Es entsteht ein regionaler Bezug zu dem aktuellen, aber weit entfernten Ereignis. Oder Sie berichten über besondere Umweltschutzmaßnahmen, während eine Umweltdiskussion in den Medien geführt wird, die durch einen Regierungsbericht angestoßen wurde.

- Ein Unternehmer schafft sieben Arbeitsplätze – darunter drei für Auszubildende – in einer strukturschwachen Region: Das ist regional wegen des Faktors „Nähe" interessant. Weniger Menschen müssen zur Arbeit pendeln, wenn es mehr Arbeitsstellen direkt vor Ort gibt. Außerdem steht dieses Beispiel überregional für den Faktor „Fortschritt": Tatkräftige Unternehmen bringen die Gesellschaft voran, indem sie Arbeitsplätze schaffen. Als kleiner Selbständiger können Sie vielleicht nur eine einzige Stelle zur Verfügung stellen. Wenn Sie sich aber für jemanden entscheiden, der schon über einen längeren Zeitraum hinweg arbeitslos war, kann das durchaus eine Meldung in der lokalen Presse wert sein. Ihre Personalauswahl sollten Sie natürlich nicht allein von solchen Überlegungen abhängig machen!

- Geschäftsidee „Private Konfliktberatung zwischen Nachbarn": Hier spielen folgende Faktoren eine Rolle:
  - Aktualität: Das ist neu, bisher gab es kein solches Angebot;
  - Fortschritt: Streitende Nachbarn müssen nicht mehr vor Gericht gegeneinander klagen;
  - Human Interest: Antworten auf die Frage danach, worüber sich andere Menschen streiten;
  - Kuriosität: Informationen, über welche seltsamen Dinge sich diese Nachbarn streiten!

- Firma für ergonomisches Produktdesign
  - Folgenschwere: Rückenschmerzen sind eine Volkskrankheit und gehören zu den Hauptursachen für Berufsunfähigkeit;

- Fortschritt: Anders geformte Produkte, die besser zu handhaben sind, ermöglichen neue Operationsmethoden für Chirurgen.
- Steuerberater
- Aktualität und Nähe: Unter der beschlossenen Verschlechterung bei der Pendlerpauschale leiden vor allem Arbeitnehmer aus Ihrer Region, die typischerweise lange Arbeitswege haben;
- Kuriosität: Beispiele aus dem Steuerrecht, welche seltsamen Folgen das Über- und Unterschreiten von Beitragsgrenzen nach sich ziehen kann.

## Suchen Sie nach verschiedenen Themenbereichen

Auch am Beispiel einer selbständigen Gartengestalterin lässt sich sehr schön zeigen, wie das Nachdenken über die Nachrichtenfaktoren viel Berichtenswertes zutage fördern kann. Allein die Tatsache, dass sie ihre Tätigkeit aufgenommen hat, ist nicht besonders spannend, höchstens die Lokalzeitung könnte sich unter dem Aspekt „Nähe" dafür interessieren, da diese spezielle Dienstleistung jetzt auch vor Ort zu bekommen ist. Spannender wird es, wenn die Suche auf Unterthemen, die mit Gartengestaltung zu tun haben, ausgeweitet wird.

- Feng-Shui-Gärten: Aktualität/Trend
- Aufenthalt und Entspannen im Garten, Gartenarbeit als Teil der Work-Life-Balance: Fortschritt
- Durch Baumpflege können insgesamt mehr alte Bäume erhalten wer den, die grüne Lunge wächst: Fortschritt
- Service-Tipps für Heimgärtner: Fortschritt
- Baumerhaltung um jeden Preis, Laub als Ursache für Zank mit Nachbarn: Konflikt
- Spezielle Pflanzen, zum Beispiel fleischfressende Pflanzen, japanische Steingärten: Kuriosität
- Anbau lustfördernder Pflanzen: Sex/Liebe

Das Thema „Anbau lustfördernder Pflanzen" liegt vielleicht nicht direkt auf der Hand. Um solche Ansätze zu finden, hilft der kreative Austausch mit Freunden und Bekannten. Am besten sammeln Sie erst einmal viele mögliche und unmögliche Themen. Eine Auswahl, was davon Sie verwerten wollen, können Sie dann später treffen.

## Konzentrieren Sie sich auf den Kern einer Story

Wie Sie gerade gesehen haben, lassen sich zu ein und derselben Geschäftsidee ganz verschiedene Aspekte finden. Dabei ist zu beachten, dass jeder Nachrichtenfaktor ein eigenes Thema darstellt, zu dem Sie eine Pressemitteilung planen können. Denn eine Pressemitteilung sollte immer nur ein Hauptthema behandeln. Sobald Sie zu viel Inhalt in eine Mitteilung einbringen, lässt sich der Kern Ihrer Botschaft nur schwer erfassen. Ihre umfangreiche Sammlung wird Ihnen dabei helfen, zu späteren Zeitpunkten immer wieder neue Veröffentlichungen in die Wege zu leiten.

## Wie Sie einen Aufhänger für Ihre Story entwickeln

Bisher ging es um Aspekte, die direkt in einem Thema stecken. Doch Sie können noch einen Schritt weitergehen, indem Sie prüfen, welche Aufhänger darüber hinaus geeignet sind, um Ihr Thema für die Medien interessant zu machen.

### Aktualität: die Saison beachten

Alle Jahre wieder: Sommerferien, Weihnachten und Ostern sind Ereignisse, die sich zwar regelmäßig wiederholen, über die die Medien aber trotzdem jedes Mal berichten. Nur wie? Die Redaktionen suchen stets nach Aufhängern, um den Artikeln, Radio- und TV-Beiträgen einmal mehr einen neuen Dreh zu geben. Das heißt zum Beispiel für Weihnachten: Es wurde schon berichtet, wie sich Familienstreit an Weihnachten am besten lösen lässt, wie ausländische Familien in Deutschland dieses Fest feiern und, und, und.

Überlegen Sie, wie Sie sich dieses Prinzip zunutze machen können. Gibt es in Ihrem Business beispielsweise etwas, das inhaltlich mit Ostern oder der Fastenzeit zu tun hat? Wenn ja, nehmen Sie rechtzeitig Kontakt mit Redaktionen auf. Denken Sie darüber nach, bei welchen Ereignissen im Jahresverlauf es eine Verbindung zu Ihrem Geschäft gibt und wie Sie in diesem Zusammenhang mit einer originellen Pressemitteilung auf sich aufmerksam machen können. Gerade im berühmten Sommerloch zur Ferienzeit im Juli und August wählen die Medien auch solche Themen aus, die sonst eventuell nicht interessant genug wären. Achten Sie einmal darauf, welche Nischenthemen im Sommer in epischer Breite mit riesigen Fotos veröffentlicht werden. Die Medien leiden – anders als sonst – während dieser Zeit an einem geringen Nachrichtenangebot. Das ist Ihre Chance, als „kleiner" Player den Schritt in die Öffentlichkeit zu wagen.

## Geplante Aktualität: eine Frage des Timings

Sie sind startklar mit Ihrer Selbständigkeit? Ihnen fehlen aber noch die Kunden? Dann wird es Zeit, dass die Medien über Sie berichten, damit Sie bekannt werden. Für eine Pressemeldung brauchen Sie jedoch einen Anlass, irgendeine Art von Aktualität. Passen Sie auf, dass Sie in der Euphorie des Neubeginns nicht gleich den ersten Aufhänger für eine Nachricht übersehen: nämlich die Neuigkeit, dass Sie ab jetzt mit Ihrer neuen Geschäftsidee auf dem Markt sind.

Wenn Sie sich erst ein halbes Jahr später um die ersten Presseveröffentlichungen bemühen, ist der Start Ihres Business bereits Vergangenheit. Planen Sie also bei der Vorbereitung Ihrer Gründung auch Zeit für Presseaktivitäten ein. Denn nur so werden Sie dazu kommen, eine Pressemitteilung zu schreiben, einen Verteiler zu erstellen und Ihre Informationen nach vorheriger persönlicher Kontaktaufnahme an die Medien zu verschicken.

**Tipp**
**Befriedigen Sie das „menschliche Interesse"**

„Human Interest" ist einer der wichtigsten Nachrichtenfaktoren, daran sollten Sie auch bei der Berichterstattung über Ihre eigene Gründung denken. Erzählen Sie, warum Sie sich selbständig machen wollen, wie die Idee dazu entstanden ist, welche Herausforderungen Sie überwinden mussten und wie Sie wichtige Partner für das Projekt gewinnen konnten. Überprüfen Sie Ihre Situation zum Beispiel auf folgende Aspekte: Gründen Sie als Frau in einer Männerdomäne? Sind Sie ein besonders junger oder alter Firmengründer? Müssen Sie Kinder und Karriere unter einen Hut bringen? Haben Sie vor der Gründung etwas Ungewöhnliches getan, zum Beispiel im Ausland gearbeitet, eine Weltreise gemacht, oder sind Sie als frischgebackener Vater ein Jahr lang Hausmann gewesen? Brüche im Lebenslauf können so zur Steilvorlage für Ihre Pressearbeit werden.

Selbst wenn Sie schon länger selbständig sind und sich in Bezug auf Pressearbeit bisher noch zurückgehalten haben, ist es natürlich nicht zu spät. Überlegen Sie, ob in nächster Zeit ein Jubiläum ansteht, das Sie als Aufhänger für eine Mitteilung benutzen können. Sind Sie seit einem Jahr selbständig, seit fünf oder vielleicht sogar schon seit zehn Jahren? Das sollten Sie als Anlass für eine Pressemitteilung nehmen. Die Aktualität ist bei einem Jubiläum allerdings nur der Aufhänger, die Meldung muss mit journalistisch interessantem Inhalt gefüllt werden. Wie viele Kunden sind in einem Jahr zu Ihnen gekommen? Wie hat sich Ihre Dienstleistung verändert? Was können Sie an interessanten Zahlen, Daten und Fakten zu Ihrem Business und Ihren Kunden zusammentragen?

Überlegen Sie, wie Sie den Faktor „geplante Aktualität" außer bei der Gründung und bei Jubiläen noch nutzen können. Gibt es demnächst eine Gesetzesänderung, die für größere Bevölkerungsteile interessant ist? Laufen demnächst wichtige Fristen ab? Hat sich eine große Organisation zu „Ihrem" Thema geäußert, und Sie geben daraufhin eine aktuelle Stellungnahme ab? Manchmal findet das Thema unter dieser Voraussetzung mehr Gehör, als wenn Sie sich als „kleine/r Unternehmer/in" zuerst äußern. Sie können Aktualität auch schaffen, indem Sie eine Befragung durchführen oder eine Studie in Auftrag geben und dann die „aktuellen" Ergebnisse veröffentlichen.

## Prominenz einbeziehen

Gibt es Prominente unter Ihren Kunden? Haben Sie als Gartengestalterin bereits die Gärten von Schauspielern, Musikern, Politikern oder Wirtschaftsbossen geplant? Sind diese Menschen dazu bereit, über sich berichten zu lassen? Besteht die Möglichkeit, Ihre Arbeit durch Fotos der Gärten zu dokumentieren?

Auch wenn Sie (noch) keine prominenten Kunden haben, können Sie den Promifaktor nutzen, indem Sie etwa Berühmtheiten zu Ihrem Jubiläum einladen – je hochkarätiger, desto mehr Medienvertreter werden erscheinen. Paris Hilton, die in einem Münchner Supermarkt Prosecco in Dosen promotete, ist sicher ein extremes Beispiel dafür. Welche Prominenten könnten Sie einladen? Hollywoodstar George Clooney würde wahrscheinlich nicht kommen, aber auch der Bürgermeister Ihrer Gemeinde zählt zur (Politik-)Prominenz. Welche Künstler leben in der Region und sind eventuell bereit, Sie zu unterstützen? Wer aus Ihrem persönlichen Netzwerk hat Zugang zu Prominenten vor Ort? Auch hier gilt: Versuchen Sie, entsprechende Kontakte zu knüpfen. Falls das nicht klappt, kann die Jubiläumsveranstaltung immer noch ohne Promis stattfinden.

## Den Fortschritt fördern und Service bieten

Serviceleistungen und Serviceangebote sollen das Leben der Mitmenschen erleichtern und verbessern – das kann man als Fortschritt für den Einzelnen und für die Gesellschaft ansehen. Wofür stehen Sie mit Ihrem Business? Welchen Service bieten Sie an? Eine Steuerberaterin zum Beispiel kann einer Regionalzeitung, die einen Beitrag über demnächst anstehende Änderungen bei den Steuergesetzen veröffentlichen will, vorschlagen, dass sie zwei Stunden lang als Expertin für telefonische Fragen der Leser zur Verfügung steht.

Die Gartengestalterin könnte für einen Artikel mit einem saisonalen Aufhänger – „Den eigenen Garten für den Frühling fit machen" – eine Checkliste erstellen, worauf bei der Pflege der wichtigsten Gartenpflanzen zu achten ist. Oder sie könnte einen Fragebogen ausarbeiten, mit dem die Leserinnen und Leser herausfinden, welcher Gartentyp sie sind, um Fehlplanungen zu vermeiden.

Ein Krankengymnast könnte einen Info-Kasten als Ergänzung zu einem Artikel formulieren, in dem drei wirksame Übungen gegen Rückenschmerzen beschrieben sind, die der Leser zu Hause ausprobieren kann. Eine weitere Idee: Ob Sie als Krankengymnast oder als Trainer für beruflichen Erfolg arbeiten – überlegen Sie, ob eine Aktion, bei der die Leser des Mediums etwas gewinnen können, sinnvoll wäre. Das können zum Beispiel zehn kostenlose Massagen sein oder fünf Plätze im Seminar „Beruflicher Erfolg garantiert".

Bereiten Sie das Gespräch mit einem Medienvertreter immer gut vor, indem Sie eigene Ideen und Argumente dafür sammeln. Darüber hinaus sollten Sie beim Termin danach fragen, was denn aus Sicht der Medien ein guter Service für die Leser wäre.

## Übung
### Welche Service-Tipps können Sie geben?

Überlegen Sie einmal: Welche Fragen werden Ihnen oft von Kunden gestellt? Wegen welcher Probleme rufen diese Sie an? Dabei ergeben sich gute Ausgangspunkte für Tipps, mit denen Sie in die Presse kommen können – wenn Sie sehr spezialisiert sind, schaffen Sie es sogar in die Fachpresse. Schreiben Sie die fünf besten Tipps auf, und schon haben Sie das Material für eine Pressemitteilung erarbeitet.

## Human Interest kreieren

Wie bekommt Ihre Story den menschlichen Anstrich, den sogenannten Human Touch? „Personalisieren" ist hier das Zauberwort. Achten Sie einmal darauf, wie oft journalistische Texte so oder ähnlich beginnen: „Isolde S., 47 Jahre, drei Kinder, Hartz-IV-Empfängerin ..." Suchen Sie sich daher möglichst Interviewpartner für Ihr Thema: Das können Mitarbeiter, Kunden oder Kooperationspartner sein. Wichtig ist, dass sie ein persönliches Statement abgeben wollen und damit einverstanden sind, dass Journalisten über sie schreiben.

### Aus der Praxis

### Isabel Nitzsche: Besuch im Callcenter

Als das Thema Callcenter noch relativ neu war, wurde ich zu einer eintägigen Presseveranstaltung in einem Callcenter eingeladen. Direkt vor Ort konnte ich – ohne Kontrolle seitens des Unternehmens – mit mehreren Mitarbeiterinnen über die Arbeitsbedingungen und Arbeitszeiten sprechen.
Außerdem war die Leiterin des ADAC-Callcenters anwesend und zu Interviews bereit, darüber hinaus ein Callcenter-Experte der Unternehmensberatung Kienbaum, die gerade eine Studie zum Thema veröffentlicht hatte. Die Interviews waren so interessant, dass ich mehrere Artikel über Callcenter veröffentlicht habe, in denen ich die verschiedenen Statements verwenden konnte.

Bauen Sie nach und nach ein Vertrauensverhältnis auf, wenn Sie etwas über Ihre Kunden schreiben und diese anschließend zitieren möchten. Sagen Sie ihnen zu, dass sie das Interview auf jeden Fall noch einmal gegenlesen und autorisieren können, bevor Sie es letztendlich an Ihre Pressekontakte weitergeben. Und stärken Sie die Motivation Ihrer Kunden, indem Sie ihnen klarmachen, dass sie ebenfalls von der Aufmerksamkeit der Öffentlichkeit profitieren.

**Gut zu wissen**

### Zum Umgang mit Zitaten

Wenn Sie oder einer Ihrer Kunden für einen Artikel interviewt werden, können Sie Ihren Gesprächspartner bitten, dass Sie die Zitate vor dem Abdruck noch einmal zum Gegenlesen bekommen. Das gehört in Deutschland zu den Gepflogenheiten, und in der Regel sind die Journalisten auch hierzu bereit. Allerdings erhöht sich so der Organisationsaufwand. Haben Sie Verständnis, wenn Journalisten von dieser Bitte nicht begeistert sind, und bestehen Sie vielleicht nicht darauf. Wenn der Artikel aus einem längeren Interview in Frage-Antwort-Form besteht, sollten Sie immer darum bitten, den Text gegenzulesen. Schicken Sie Ihr Feedback umgehend, da Sie den Text meist erst erhalten, wenn der Artikel fast schon in der Redaktion sein sollte. Und je weniger Sie Formulierungen kritisieren, desto eher positionieren Sie sich als professionelle/r Gesprächspartner/in. Schließlich besteht Ihre Aufgabe nicht darin, Journalisten zu sagen, wie sie ihre Texte schreiben sollen.

### Konflikte riskieren?

Unter dem Aspekt „Konflikt" können Sie überlegen, ob Sie sich als kleiner Player gegen die Aussagen bestimmter Organisationen zu Wort melden wollen. Die Bürgerinitiative „David gegen Goliath" hat das zu ihrem Prinzip gemacht. Wichtig ist allerdings, dass Sie genau überprüfen, ob dieses Vorgehen zu Ihrer eigenen Positionierung passt. Den Nachrichtenfaktor „Konflikt" als Aufhänger zu nehmen birgt gewisse Risiken, über die Sie vorher nachdenken sollten. Wenn Sie wie ein Querulant wirken, erreichen Sie zwar unter Umständen ein starkes Medienecho, aber Sie entwickeln dabei ein Image, das Ihnen nicht lieb sein kann. Denn auf diese Weise verfehlen Sie das Ziel von Öffentlichkeitsarbeit, sich mit dem eigenen Business sozial in die Gesellschaft zu integrieren.

Trotzdem lohnt es sehr, darüber nachzudenken, welcher Konfliktstoff in Ihrem Thema steckt. Selbst wenn Sie ihn nicht zur Basis einer Pressemitteilung machen, ist die Chance groß, dass Journalisten, die sich mit Ihrem Thema beschäftigen, dieses Konfliktpotenzial auffällt. Und Sie sind dann auf entsprechende Fragen gut vorbereitet und haben gleich sinnvolle Argumente zur Hand.

Wenn der Konflikt so geartet ist, dass er leicht polarisiert, sparen Sie sich unbedingt Verschleierungen und Worthülsen. Stehen Sie dazu, dass Ihr Thema nun einmal mit diesem Konflikt behaftet ist. Nur wenn Sie offensiv damit umgehen, sind Sie für die Medien glaubwürdig.

Eine Gründerin bietet spezielles, in Südafrika per Hand hergestelltes Papier an, das sich wegen seiner besonderen Struktur beispielsweise gut für originelle Einladungskarten eignet. Potenzieller Konfliktstoff könnte in der Frage liegen, ob sie sich bei der Produktion des Papiers die schlechte wirtschaftliche Lage vieler Schwarzer in Südafrika zunutze macht und sie als billige Arbeitskräfte ausnutzt. Um auf eine solche Diskussion vorbereitet zu sein, kann sie sich vorab Gründe überlegen, warum die Arbeitsbedingungen, die sie bietet, gut sind. Beispielsweise könnte sie folgendermaßen argumentieren: „Die Löhne für die Arbeiter in Südafrika liegen zwar deutlich unter denen in Deutschland, sind aber verglichen mit anderen Löhnen in Südafrika um x Prozent höher." Oder: „Die Löhne sind zwar niedriger als in Deutschland, aber sonst wären die schwarzen Arbeiter arbeitslos und hätten gar keine Einkünfte."

## Aufmerksamkeit durch Kuriosität

Namen sind Nachrichten, das gilt auch für Firmennamen. So nennt sich eine Werbeagentur „Röhrender Hirsch". Das ist ungewöhnlich und kurios, weil es Assoziationen zu spießigen Wohnzimmergemälden weckt und nicht zu dem hippen Szenetum von Werbemenschen. Aber gerade so prägt sich dieser kuriose Name mehr ein als der zehnte Name, der voll im Trend liegt.

## Sex und Liebe als Aufhänger

Die schlechte Nachricht: Sex und Liebe mit dem eigenen Thema inhaltlich zu verbinden, wird in vielen Fällen nicht gelingen. Das Prinzip „Sex sells" können Sie trotzdem nutzen, indem Sie für Ihr Thema eine sinnliche Anspielung in der Überschrift unterbringen (die sachlichen Dach- und Unterzeilen erklären dann das Thema).

| Vorgestellt: Lancia Ypsilon | (Dachzeile) |
|---|---|

## Wie Küssen im Sommer (Überschrift)

Der emotional hochverdichtete
Luxus-Zwerg hat Charisma,
Unterhaltungswert und Kultpotenzial. (Unterzeile)

Bei der Suche nach Aufhängern können Sie von Wettbewerbern lernen. Betreiben Sie Benchmarking in eigener Sache, indem Sie darauf achten, welche Aufhänger in Berichten über Ihre Wettbewerber zum Tragen kommen. Nachrichtenfaktor und Aufhänger sind dasselbe, das heißt, man hat einen Aufhänger, wenn ein Nachrichtenfaktor wie etwa „Aktualität" im Thema steckt.

In manchen Fällen kommt es auch dazu, dass eine ganz beiläufig gestartete Aktion zum Selbstläufer wird. Das könnte – wie das folgende Gespräch mit Marcel Seyther zeigt – die Beteiligung an einem Businessplan- oder anderen Wettbewerb sein, das Einsenden eines Leserbriefs oder die Beteiligung am Aufruf einer Zeitschrift für ein Steuerberater- oder ein Ärzteranking.

An anderer Stelle im Buch werden Sie noch weitere Beispiele dafür finden, dass Presseberichte oft wie zufällig zustande kommen. Die Chancen, dass solche Zufälle eintreten, können Sie durch etwas Systematik deutlich verbessern.

**Im Gespräch**

Marcel Seyther, 35, ist Inhaber von Seyther Kommunikation, einer Dialogmarketingagentur in Leonberg bei Stuttgart. Er beschäftigt sechs Mitarbeiter.

*Was war die wichtigste Veröffentlichung, die Sie erreicht haben?*
Wir haben am diesjährigen Mailing-Wettbewerb der Deutschen Post teilgenommen und bei der Bundesausscheidung den dritten Platz gewonnen. Das hat eine Menge Presse nach sich gezogen. Ich war überrascht,

welch großen Effekt das hatte. Außerdem haben wir das Siegel „Mailing-partner der Deutschen Post" erhalten.

*Wie wollen Sie bei Ihrer Pressearbeit weiter vorgehen?*
Wenn man gründet und es läuft halbwegs gut, ist es, als ob man in ei-nen Strudel hineingezogen wird. Es bieten sich viele Chancen, man muss aber gut organisiert sein, um sie zu nutzen. Die Beteiligung an so einem Wettbewerb ist nur ein Beispiel. In der Werbebranche gibt es „Fi-scher's Archiv", da können Werbeagenturen ihre besten Arbeiten einrei-chen; es ist wie ein Bilderbuch, eine Inspirationsquelle, die auch von po-tenziellen Kunden gelesen wird.
Darüber hinaus sorgen Success-Storys für die lokale Presse oder das IHK-Magazin für Aufmerksamkeit und verschaffen dadurch mittelfris-tig auch neue Kunden. Eine nachhaltige Pressearbeit gehört unbedingt dazu. Also, bei interessanten Projekten, Neukunden und Wettbewerbs-auszeichnungen immer eine Pressemitteilung mit verwertbarem Text und tollen Bildern an einen Presseverteiler senden. Das lohnt sich in je-dem Fall!

## Was tun, wenn die eigene Story nicht ankommt?

Sie schicken Ihre Pressemitteilung an diverse Medien, und nichts passiert? Die Formel des amerikanischen Kommunikationswissenschaftlers Harold D. Laswell bietet Antworten darauf, woran es liegen kann, dass Pressear-beit nicht funktioniert. Sie lautet: „Who says what to whom in which chan-nel with what effect?" Schauen wir uns im Folgenden die einzelnen Be-standteile ein wenig genauer an.

### Who? – Wer?

Vielleicht sind Sie als „Wer", als Sender der Nachricht nicht glaubwürdig? Wenn Sie als Gründungsberater die neuesten Zahlen von Arbeitslosen, die sich selbständig gemacht haben, veröffentlichen, so werden die Medien nicht Sie als glaubwürdige Quelle ansehen, sondern erwarten, dass die Agentur für Arbeit diese Zahl herausgibt. Von Ihnen wird eher eine persön-liche Einschätzung erwartet, woran es aus Ihrer Sicht liegt, dass diese Zahl gesunken oder gestiegen ist.

**Tipp**

**Suchen Sie Verbündete**

Wenn Sie Ihrem Thema mehr Gewicht verleihen wollen, suchen Sie sich Verbündete und Kooperationspartner, die von einer Veröffentlichung ebenfalls profitieren. Beispielsweise hat eine Stadt großes Interesse daran, das kommunale Gründungszentrum als Erfolg darzustellen – und dies kann sehr gut anhand von Erfolgsgeschichten einzelner Gründer passieren.

In einem solchen Fall könnte es sich für Gründer also lohnen, eine gemeinsame Medienaktion mit den Presseverantwortlichen der Stadt zu veranstalten. Vielleicht wissen Sie aus der Presse, dass der für das Zentrum zuständige Wirtschaftsdezernent demnächst für das Amt des Bürgermeisters kandidieren wird und deshalb schon jetzt an einer positiven Berichterstattung zu seiner Person interessiert ist. Zur Pressearbeit gehört auch, dass Sie die individuellen Anreize der Beteiligten verstehen.

## What? – Was?

In vielen Fällen fehlt in Pressemitteilungen – selbst wenn Profis sie verfasst haben – das „Was". Bei Fortbildungen für Pressestellen und PR-Agenturen argumentieren die Mitarbeiter oft: „Der Kunde wollte es eben so." Was aber noch lange nicht heißt, dass die Meldung beim Journalisten Interesse weckt. Oft gibt es also keine spannende Story, woraufhin die Meldung im Papierkorb landet. Nur wenn der Journalist in der Meldung einen Nachrichtenfaktor erkennen kann, besteht für Sie die Chance, dass Ihre Meldung veröffentlicht wird.

Außerdem spielt Glaubwürdigkeit beim „Was" eine große Rolle. Das wichtigste journalistische Kriterium besteht darin, dass wahr ist, was berichtet wird. Positive Selbstdarstellung ist eine Sache, Sie sind auch nicht verpflichtet, von sich aus auf Negatives hinzuweisen. Aber versuchen Sie niemals, sich mit falschen Tatsachen oder Zahlen interessant zu machen. Damit hätten Sie Ihre Glaubwürdigkeit gegenüber der Presse ein für alle Mal verspielt.

## To whom? – Zu wem?

Haben Sie Ihre Meldung überhaupt an den richtigen Adressaten geschickt? Vielleicht hat die Redakteurin, an die Ihre Meldung gerichtet ist, den Arbeitsplatz gewechselt. In der Bürogemeinschaft von Isabel Nitzsche zum Beispiel trafen auch drei Jahre nach dem Weggang einer Kollegin noch Pressemitteilungen für sie ein.

Oder veröffentlicht das von Ihnen gewählte Medium die von Ihnen bereitgestellten Inhalte grundsätzlich nicht, ist es also immer der falsche Adressat für Ihre Themen? Isabel Nitzsche hat jahrelang für die Frauenzeitschrift „freundin" ein Magazin mit Job- und Karrierethemen für Frauen gemacht, das „freundin job@business". Dafür bekam sie zu dieser Zeit auch Pressemitteilungen über Jobveranstaltungen für Schülerinnen und Schüler, obwohl sich das Heft eindeutig an bereits berufstätige Frauen als Zielgruppe richtete.

## In which channel? – Auf welchem Kanal?

Es könnte auch sein, dass die E-Mail-Adresse, an die Sie Ihre Pressemitteilungen schicken, überhaupt nicht mehr abgerufen wird. Oder das Faxgerät, dessen Nummer Sie anwählen, ist inzwischen an einen anderen Standort gewandert, und Ihr Adressat hat längst eine ganz andere Faxnummer. Dies alles sind vorstellbare Gründe dafür, dass Ihre Pressemitteilung den Adressaten unmöglich erreichen kann. Ihre Pressemitteilungen laufen dann ins Leere.

In Kapitel 5 erfahren Sie, wie Sie Ihren einmal aufgebauten Presseverteiler mit vertretbarem Aufwand pflegen, damit er immer aktuell ist. Schließlich sind fehlgeleitete Pressemitteilungen keine Werbung für Sie und Ihr Unternehmen, sondern bewirken genau das Gegenteil. Sie vermitteln potenziellen Multiplikatoren ein schlechtes Bild von Ihrer Professionalität oder verfehlen ihn schlicht.

## With what effect? – Mit welchem Ergebnis?

Im schlechtesten Fall passiert gar nichts, nachdem Sie Ihre Pressemitteilung verschickt haben. Im besseren Fall behält der Journalist oder die Journalistin Ihre Meldung, um sie vielleicht später einmal zu verwenden oder Sie auf Ihr Themengebiet anzusprechen. Im allerbesten Fall wird Ihre Meldung ganz oder zum Teil veröffentlicht. Durch gelegentliche Kontaktaufnahme mit den Journalisten, die Sie in Ihren Verteiler aufgenommen haben, und eine konsequente Erfolgskontrolle (siehe hierzu Kapitel 9) können Sie das Ergebnis Ihrer Pressearbeit sehr genau einschätzen und im Lauf der Zeit optimieren.

Für einige Berufsgruppen, vor allem für freie Berufe wie Rechtsanwälte, Steuerberater, Ärzte und Architekten, nennt das jeweilige Standesrecht Werbebeschränkungen, die auch für die PR gelten. Allgemein lässt sich die Tendenz ausmachen, dass Werbebeschränkungen zunehmend gelockert werden. Aufpassen sollte man trotzdem, sagt Ute Harland, die mit ihrem Büro textgewandt in Lichtenberg bei Darmstadt Presse- und Öffentlichkeitsarbeit für Freiberufler und Unternehmen mit den Schwerpunkten Finanzen, IT und Consulting betreibt.

*Worauf sollte ich als Freiberufler achten?*
Die Regelungen sind nicht immer bundesweit einheitlich, großes Gewicht liegt auf der aktuellen Rechtsprechung. Oft kommt es sehr auf den Einzelfall an. Befragen Sie im Zweifel eine fachkundige Person, bevor Sie Kontakt zu Medien aufnehmen.

*Wo finde ich eine solche fachkundige Person?*
Wenden Sie sich an eine PR-Agentur oder an ein PR-Büro, das sich wirklich mit den Bestimmungen für freie Berufe auskennt. Fragen Sie gezielt danach und bitten Sie um entsprechende Referenzen. Und falls Sie tatsächlich schwerwiegende Zweifel haben, konsultieren Sie einen Rechtsanwalt, der sich mit dem Medienrecht und ganz speziell mit freien Berufen auskennt.

*Gibt es so etwas wie eine Richtschnur, an die ich mich als Freiberufler bei der Pressearbeit halten kann?*
Grundsätzlich dürfen Sie als Mitglied einer von Werbebeschränkungen betroffenen Berufsgruppe im Rahmen Ihrer Werbung und PR nur „sachlich" über Ihre Tätigkeit berichten. Ihre Aussagen müssen zutreffend und objektiv nachprüfbar sein. Üben Sie deshalb auch bei der optischen Aufbereitung etwa für einen Zeitungsartikel Zurückhaltung. So darf ein beigefügtes Foto einen Arzt nicht in seiner Berufskleidung und nicht bei seiner Arbeit zeigen. Dahinter steht der Gedanke, dass er seinen Beruf unabhängig und sachkundig ausüben muss – und diesem Erscheinungsbild widerspricht auffällige Werbung.

*Welche Inhalte eignen sich gut für die Pressearbeit von Freiberuflern?*
Inhalte, die Sie bei Ihrer Pressearbeit trotz Werbebeschränkungen verwenden dürfen, sind Ihre Interessen- beziehungsweise Tätigkeitsfelder, Ihr Werdegang, Mitgliedschaften in Berufsverbänden sowie Ihre Mitar-

beiter und Kooperationspartner – solange Sie diese Tatsachen nicht „reklamehaft" darstellen. Es spricht also nichts dagegen, dass Sie sich als Experte von einem Medium zu einem bestimmten Thema sachlich interviewen lassen.

*Und was geht für Freiberufler gar nicht?*
Unzulässig sind wegen der standesrechtlichen Werbebeschränkungen alle „unterhaltenden" Inhalte, etwa Gewinnspiele oder Preisrätsel, ebenso Erfolgs- und Umsatzzahlen. Ferner dürfen Sie nur allgemein werben, Ihre Pressearbeit darf nicht darauf ausgerichtet sein, einen bestimmten Auftrag zu bekommen.

Weitere Informationen zu diesem Thema finden sich auf der Website des Bundesverbands der Freien Berufe unter www.freie-berufe.de. Dort können Sie auch ein Faltblatt zu „Werbung der Freien Berufe" mit Informationen zu einzelnen Berufsgruppen als PDF herunterladen.

# 3. Welche Medien sind für Ihre Zwecke geeignet?

Print, Radio, Fernsehen oder Internet? Welches Medium darf es denn sein? Die Vielfalt an Medien, die Sie ansprechen können, ist groß. Bevor Sie einen Presseverteiler erstellen, fragen Sie sich, welche Zielgruppen Sie mit Ihrer Pressearbeit ansprechen möchten und welches Image mit Ihnen oder Ihrem Unternehmen verbunden sein soll.

Sie haben ein passendes Thema gefunden, mit dem Sie Ihre Pressearbeit starten möchten? Gut! Dann gilt es, Kontakt zu den Medien aufzunehmen.

## Wen wollen Sie erreichen?

Denken Sie einmal darüber nach, was genau Öffentlichkeitsarbeit für Gründer und Selbständige eigentlich ist. Machen Sie sich bewusst, dass Sie damit die Kommunikationsprozesse mit Ihren Bezugsgruppen, das sind die Zielgruppen, die Sie mit Ihrer Meldung ansprechen wollen, in der Öffentlichkeit planen und steuern. Auf diese Weise stellen Sie den Kontakt zwischen sich und Ihrer definierten Zielgruppe her. Die Medien sind dabei die Vermittler, die Ihre Informationen an Ihre indirekten Zielgruppen, dass sind die verschiedenen Teilöffentlichkeiten, weitergeben.

Es ist eine fortlaufende Aufgabe für Sie als Gründer/in, diesen Kontakt nachhaltig zu festigen und im Lauf der Zeit immer weiter auszubauen. Die Frage, wer als Bezugsgruppe beziehungsweise indirekte Zielgruppe in der Öffentlichkeit infrage kommt, ist für so manchen Gründer gar nicht so einfach zu beantworten. Interessanterweise denken viele bei der Frage nach den Bezugspersonen in der Öffentlichkeit ausschließlich an ihre Kunden. Doch welche Personen sind darüber hinaus als Zielgruppe für Sie wichtig, da sie Sie potenziellen Kunden empfehlen können? Welche Personengruppen sind bezogen auf Ihr Thema wichtig?

Um die Gedankengänge dabei zu verdeutlichen, nehmen wir uns als Beispiel gruendungszuschuss.de vor. Natürlich gehören hier Gründer zu der Bezugsgruppe, die über Pressearbeit angesprochen werden soll. Andererseits zählen auch potenzielle Gründer oder Multiplikatoren wie Industrie- und Handelskammern, Arbeitsagenturen, Berufsverbände oder Kooperationspartner wie Existenzgründungsberater dazu.

Genauso gehen Sie nun vor: Erstellen Sie eine Liste, wer außer Ihren Kunden Ihre Bezugsgruppen in der Öffentlichkeit sind. Bitten Sie eine Person Ihres Vertrauens um Hilfe, denn zu zweit entwickelt sich so eine Liste erfahrungsgemäß leichter. Diskutieren Sie gemeinsam Fragen wie beispielsweise die folgenden:

- Wer könnte mich meinen Kunden empfehlen?
- Wie erfahren die Kunden von mir?
- Mit wem sind die Kunden im Gespräch?
- Wer wirkt auf die Kunden ein?

- Welche potenziellen Kooperationspartner sollten von mir und meinem Unternehmen wissen?

Zudem ist es wichtig, dass Sie sich überlegen, was Ihr Ziel bei der Pressearbeit ist. Wer soll von Ihnen erfahren? Mit welchem Ihrer Themen wollen Sie als Erstes bekannt werden? Wo ist deshalb eine Veröffentlichung sinnvoll?

## Welche Medien kommen für Sie infrage?

Wenn Sie sich mit der Frage auseinandersetzen, wohin Sie sich am besten wenden, hilft es, zunächst eine Liste der für Sie relevanten Medien zu erstellen. Hierzu zählen all diejenigen, mit denen sich Ihre Bezugsgruppen beschäftigen:

- Zählen dazu eher Publikumsmedien oder Fachmedien?
- Erreichen Sie Ihre Bezugsgruppen durch lokale, regionale oder überregionale Medien?
- Welche Medien nutzen Ihre Bezugsgruppen? Print, Radio, TV oder Online-Medien?

Legen Sie am besten eine Liste an, die Sie als Basis Ihres persönlichen Presseverteilers, den Sie kontinuierlich aktualisieren und erweitern, nutzen können. Unabhängig von der Frage, über welchen Weg Sie Ihre Bezugsgruppen erreichen, sollten Sie für alle Medien offen sein. Denn jede Veröffentlichung verschafft Ihnen Vorteile, wenn Sie einen Journalisten aktiv ansprechen. Sie werden ihn von sich und Ihrem Thema leichter überzeugen, wenn schon einmal in der Presse über Sie berichtet wurde. Das funktioniert nach dem Motto: „Aha, andere Kollegen fanden das auch interessant, da wird wohl was dran sein."

**Tipp**
**Medien, die von Journalisten gelesen werden**

Es gibt Medien, die eine vergleichsweise kleine Auflage besitzen, aber von Journalisten und anderen Multiplikatoren sehr stark beachtet werden. Wenn Sie es in solche Trendmedien wie „NEON" oder „changex.de" schaffen, werden sich daraus oft sehr schnell Veröffentlichungen in anderen, weniger trendigen, aber dafür auflagestarken Medien ergeben.

Auf der anderen Seite finden Journalisten viele ihrer „neuen" Themen selbst in den Medien. Auf ein Interview mit einer Zeitschrift kann eine Einladung zu einer Talksendung im Radio, ein Artikel in einer Regionalzeitung oder auch eine Einladung ins Frühstücksfernsehen folgen.

Auf diese Weise wächst Ihr persönliches Netzwerk aus Medienkontakten, in das Sie immer wieder neue Themen einbringen können. Und Sie erhöhen die Chance, dass sich zu einem späteren Zeitpunkt Journalisten von selbst bei Ihnen melden, weil sie schon einmal mit Ihnen gesprochen haben und Sie als den richtigen Experten oder die richtige Expertin für ein bestimmtes Thema betrachten.

## Wie Journalisten arbeiten

Bevor Sie die ersten Kontakte zu den Medien aufnehmen, sollten Sie sich klarmachen, dass jede Branche ihre eigenen Spielregeln und eine eigene Arbeitskultur hat. Journalismus ist ein wunderbarer, abwechslungsreicher, spannender Beruf, aber er kann sehr stressig sein. Wenn Sie Ihrem Gegenüber in der Redaktion Verständnis entgegenbringen, wird das die Kommunikation sehr erleichtern und Ihnen viele Pluspunkte einbringen. Nachdem Sie sich ein wenig mit den Arbeitsumständen und dem Arbeitsalltag in der Branche beschäftigt haben, werden Sie strategisch richtig mit den Medien umgehen können.

### Wer ist Ihr Gegenüber?

Zwar beschäftigen sich die meisten Journalisten mit einer Vielzahl von Inhalten, doch erwarten Sie nicht, dass sich Ihr Gegenüber mit Ihrem Fachgebiet bereits auskennt. Helfen Sie ihm zu verstehen, worauf es bei Ihrem Thema vor allem ankommt. Bieten Sie dazu Unterstützung mit weiteren Infos und bei der Einordnung von Sachverhalten an.

Behalten Sie bei der Kontaktaufnahme immer im Hinterkopf, dass Sie es mit einem Journalisten zu tun haben, der selbst entscheidet, worüber er berichtet. Nicht wenige professionelle PR-Berater melden sich mit dem Satz: „Ich möchte mit Ihnen kooperieren." Diese Formulierung ist nur angebracht, wenn Sie eine großangelegte Aktion vorschlagen, die Sie gemeinsam mit dem betreffenden Medium für die Leser oder Hörer veranstalten möchten. Nur dann gibt es tatsächlich ein gemeinsames Projekt zweier gleichwertiger Partner.

Wenn Sie jedoch anrufen, weil Sie möchten, dass Ihre eigenen Informationen veröffentlicht werden, klingt ein solcher Satz eher kurios. Journalisten legen in der Regel Wert auf ihre Unabhängigkeit, selbst wenn sie heutzutage in der Realität oft eingeschränkt ist, und bei „kooperieren" klingen Vereinnahmung und Mauschelei mit. Verpflichtet sind die Journalisten der Wahrheit und ihren Arbeitgebern beziehungsweise Auftraggebern – das heißt den Medien. Sie und Ihr PR-Berater sind ebenfalls der Wahrheit, aber eben auch Ihrem Unternehmen verpflichtet. Journalisten kooperieren in diesem Sinne nicht, sonst wären sie nicht mehr unabhängig. Wenn Sie Kontakt aufnehmen, tun Sie dies lieber mit den Worten: „Ich habe diese Information, ist sie interessant für Ihr Medium?"

Machen Sie sich klar, welche Rolle Sie Ihrem Gegenüber zuweisen wollen. Was ist Ihr Interesse? Was ist sein Interesse? Sind Sie sich über die Rolle des anderen im Klaren? Viele verwechseln freiberuflich tätige Journalisten mit freiberuflichen PR-Beratern. Entscheiden Sie sich, bevor Sie aktiv werden: Wollen Sie einem freiberuflichen Journalisten kostenlos Ihre Info anbieten, so wie Sie es auch den Redaktionen gegenüber tun? Das kann sinnvoll sein, da freie Journalisten in der Regel für mehrere Redaktionen arbeiten. Oder wollen Sie, dass ein Fachmann gegen Bezahlung Ihre Pressearbeit in die Hand nimmt und versucht, Sie in die Medien zu bringen? Dann wird ein entsprechender Anbieter in Ihrem Auftrag tätig. Wie Sie den richtigen Ansprechpartner für Ihre Belange finden, erfahren Sie in Kapitel 10.

## Wie gestalten sich die Arbeitsabläufe?

Viele Menschen, die noch niemals zuvor mit Journalisten zu tun hatten, können sich nicht vorstellen, unter welchem Zeitdruck diese gerade bei den tagesaktuellen Medien arbeiten. Journalisten im Aktuellen wissen oft morgens noch nicht, zu welchem Thema sie im Lauf des Tages für die Zeitung vom nächsten Tag einen Artikel schreiben oder für die Abendnachrichten einen TV- oder Radiobeitrag produzieren werden. Der Tag beginnt noch relativ gemächlich mit Konferenzen, bei denen die festen Themen festgelegt und an die Journalisten verteilt werden. Doch die Hektik wird größer und der Adrenalinspiegel der Beteiligten steigt, je näher der Redaktionsschluss rückt.

Wenn Sie sich dann zu viel Zeit mit einem Rückruf lassen, haben Sie unter Umständen die Chance vertan, als Gesprächspartner/in in der Sendung ein paar Stunden später aufzutreten oder in der Zeitung am nächsten Tag mit einem Statement zitiert zu werden. Eine Ihrer Fragen bei einem Telefonat mit einem Journalisten sollte aus diesem Grund nicht heißen: „Muss es denn wirklich so eilig sein?", sondern: „Bis wann brauchen Sie die Information genau?" Allerdings gibt es auch den umgekehrten Fall, dass Journalisten aus Prinzip alles dringend machen, weil sie schon häufig erlebt haben, dass ihre Anfrage sonst in Vergessenheit gerät und unter Umständen gar nicht bearbeitet wird. Deshalb lohnt es sich immer, den zeitlichen Spielraum auszuloten: „Reicht es auch noch bis dann und dann?"

Achten Sie darauf, dass Sie zeitliche Vereinbarungen nur treffen, wenn Sie sie auch einhalten können. Journalisten verlassen sich darauf. Der Redaktionsschluss kann wegen einer fehlenden Information nicht einfach verschoben werden. Die Zeitung wird nun einmal ab einem bestimmten Zeitpunkt gedruckt, die Radiosendung beginnt um eine vorab festgelegte Uhrzeit. Wenn Sie Verständnis signalisieren und auch kurzfristig zur Verfügung stehen, wird sich die Redaktion bei Bedarf sicher immer wieder bei Ihnen melden.

## Journalismus ist Teamwork

Wenn ein/e Journalist/in mit Ihnen ein Gespräch führt, das Basis eines Artikels sein soll, bedeutet das nur in wenigen Fällen, dass sie/er alleine entscheidet, wie die Veröffentlichung letztendlich aussieht. Journalismus ist nicht nur beim Fernsehen Teamwork. Der fertige Text wird bei Zeitungen oder Zeitschriften noch vom Chef vom Dienst oder bei Zeitschriften vom Textchef oder der Textchefin gelesen. Sie ändern unter Umständen noch einmal Formulierungen, weil sie sie zu langweilig, unverständlich oder Bezüge nicht logisch finden. Außerdem legen sie die endgültigen Überschriften fest, weil sie erst ganz am Schluss wissen, wo in der Zeitung oder im Heft die Artikel stehen werden. Und erst zu diesem Zeitpunkt wird die Länge der Überschrift bestimmt.

Es nützt also gar nichts, wenn Sie sich hinterher bei Ihrer Kontaktperson beschweren, weil Ihnen eine Überschrift nicht passt oder sie Ihrer Ansicht nach dem Thema sachlich nicht gerecht wird, denn Ihre Kontaktperson hatte in der Regel gar nichts damit zu tun. Sichern Sie sich so weit wie möglich ab, indem Sie Ihre Informationen gut aufbereiten und in Ihrer Pressemitteilung auch eine Überschrift vorschlagen. Diese sollte so formuliert sein, dass sie journalistischen Kriterien genügt, das bedeutet, die Leser neugierig macht und zum Weiterlesen reizt. Damit besteht zumindest einmal die Chance, dass bestimmte Schlüsselwörter den Weg in die Überschrift finden – auch wenn die von Ihnen vorgeschlagene Variante zu lang oder zu kurz sein sollte.

Chefs vom Dienst, Textchefs oder Chefredakteure können auch entscheiden, dass ein Artikel gar nicht erscheint, weil er vielleicht nicht gut genug oder das Thema doch nicht ausreichend spannend ist. Oder die Nachrichtenlage hat sich so entwickelt, dass über viel Wichtigeres berichtet werden muss, sodass für „Ihr" Thema kein Platz mehr bleibt. Wenn Sie Glück haben, wird der Beitrag dann einfach verschoben und erscheint später. Behalten Sie das auch im Hinterkopf, wenn Sie einen Journalisten nach dem Erscheinungstermin eines Artikels fragen.

## Wie sich die Bedingungen verändert haben

Viele Redaktionen sind in den letzten Jahren personell ausgedünnt worden. Das heißt nicht nur, dass weniger Journalisten jetzt mehr Artikel schreiben, hinzu kommt noch eine weitere wichtige Entwicklung auf dem journalistischen Arbeitsmarkt. Immer mehr spezialisierte Berufsgruppen, die früher an der Erstellung journalistischer Produkte beteiligt waren, entfallen oder werden nicht mehr einbezogen. Zum Beispiel gibt es bei Tageszeitungen keine Layouter mehr, die Redakteure selbst erstellen das Layout im elektronischen Redaktionssystem. Manche Tageszeitungen beschäftigen zudem keine fest angestellten Fotografen mehr. Die Journalisten schreiben nicht nur den Artikel, sondern knipsen mit der Digitalkamera auch das dazugehörige Foto.

Beim Fernsehen ist es zum Teil noch extremer. Früher arbeiteten bei den öffentlich-rechtlichen Anstalten ganze Teams an der Berichterstattung mit: Beteiligt waren TV-Autor, Kameramann, Tonmann und Assistent. Nach der Rückkehr zum Sender wurde der Beitrag von einem Cutter geschnitten, und noch ein weiterer Mitarbeiter betreute die Sprachaufnahme des TV-Autors in der Mischung. Den Privaten reicht heute ein Videoreporter, der den Gesprächspartner interviewt, ihn dabei selbst filmt und auch gleich den Ton regelt. Anschließend schneidet er im Sender den eigenen Beitrag, formuliert den Text dazu und mischt den Ton. Organisatorische Unterstützung erhalten nur wenige Journalisten. Belegexemplare werden unter diesen Umständen kaum noch verschickt, weil einfach nicht klar ist, wer das erledigen soll.

Die finanziellen Ressourcen sind in den meisten Redaktionen während der letzten Jahre ebenfalls sehr verknappt worden. Nicht nur umfangreiche Rechercherreisen auf Kosten des Mediums haben Seltenheitswert, auch kostenpflichtige Datenbank-Recherchen sind nicht in allen Redaktionen möglich. Ganz zu schweigen davon, dass bei freien Journalisten oft die Honorare so gering sind, dass sie noch nicht einmal die Arbeitszeit, die tatsächlich aufgewendet werden muss, in angemessener Weise vergüten. So bleibt keinerlei Spielraum für Ausgaben, die einzig und allein der Informationsbeschaffung dienen.

## Von Input überflutet

Über eine Sache können sich Journalisten ganz sicher nicht beklagen: über einen Mangel an Informationen. Egal ob fest angestellt oder freiberuflich, es ist üblich, dass jeder mindestens 100 E-Mails, viele Faxe und Briefe mit Presse-Infos sowie eine Menge Anrufe von PR-Mitarbeitern pro Tag bekommt. Zusätzlich gibt es wichtige Pressetermine, die man persönlich wahrnehmen muss. Außerdem sind Recherche-Telefonate und Telefoninterviews zu führen. Um zu verdeutlichen, von welchen Seiten Journalisten ihren Input erhalten, betrachten Sie einmal die Kontaktlandkarte eines Journalisten.

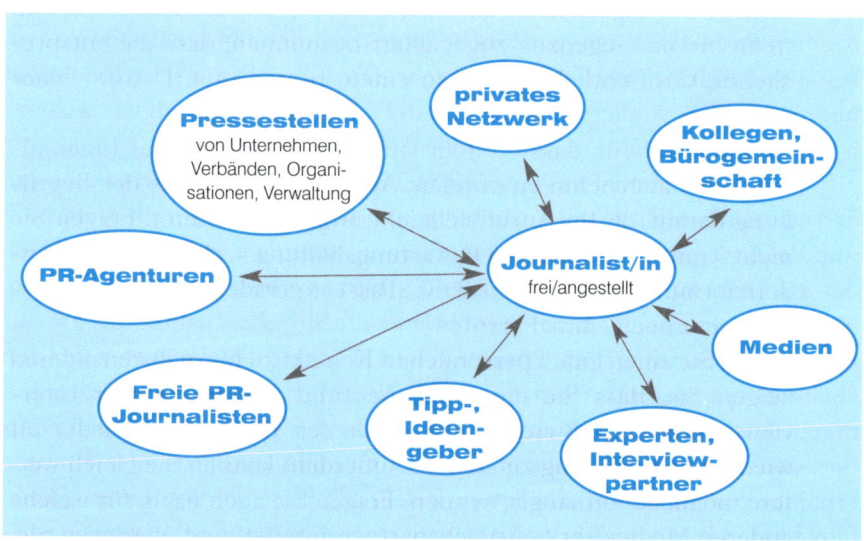

Info-Netzwerk eines Journalisten

Diese Übersicht zeigt, dass Ihr Thema mit vielen anderen konkurriert. Sie können aber eine Menge dafür tun, dass Journalisten aus den vielen Informationen, mit denen sie konfrontiert sind, auf Ihr Angebot zurückkommen.

- Erfüllen Sie Journalisten auch einmal eine Bitte, ohne gleich nach einer Veröffentlichung zu fragen.
- Falls Ihr Statement aus einem Beitrag aus Zeit- oder Platzgründen herausfällt, ist das natürlich ärgerlich für Sie. Dennoch sollten Sie dem betreffenden Journalisten Verständnis entgegenbringen und Ihre Bereitschaft betonen, ein anderes Mal wieder zur Verfügung zu stehen. So bauen Sie eine positive Beziehung auf und entlasten den Journalisten. Auch ihm wird es nicht gefallen, dass er Ihre Zeit ergebnislos in Anspruch genommen hat.
- Seien Sie aufgeschlossen, wenn Sie von einem Ihnen unbekannten Journalisten angerufen werden – auch in der Medienbranche werden gute Experten weiterempfohlen.
- Nehmen Sie es sich zum Ziel, aus dem Input-Schema auszubrechen: Werden Sie als Experte oder Expertin so bekannt, dass die Medien Sie von sich aus kontaktieren und Ihnen vielleicht sogar eine eigene Kolumne anbieten.
- Manchmal möchten Journalisten, die ein Angebot interessant finden, Exklusivität zugesichert bekommen: Lassen Sie sich darauf nur ein, wenn Sie im Gegenzug zugesichert bekommen, dass die entsprechende Veröffentlichung bis zu einem bestimmten Datum sicher erscheint.
- Sorgen Sie dafür, dass die Journalisten den Kontakt mit Ihnen als möglichst angenehm empfinden. Achten Sie schon bei der Begrüßung darauf, ob Ihr Anruf vielleicht ungelegen kommt. Fragen Sie nicht – mit einer negativen Erwartungshaltung –, ob Sie stören, sondern formulieren Sie konstruktiv: „Passt es gerade? Oder soll ich besser später noch einmal anrufen?"
- Bauen Sie einen guten persönlichen Kontakt zu Journalisten auf und zeigen Sie, dass Sie ein nützlicher und unkomplizierter Interviewpartner sind. Bieten Sie am Ende des Telefonats an, jederzeit wieder zur Verfügung zu stehen. Außerdem können Sie gleich weitere mögliche Aufhänger nennen. Fragen Sie auch nach, für welche anderen Medien Ihr Gesprächspartner arbeitet, und überlegen Sie, ob Sie dafür Themen parat haben.

- Auch das Timing spielt eine wesentliche Rolle: Checken Sie bei allen Medien, wie lange typischerweise die Vorlaufzeit ist. Bei Tageszeitungen können Sie für termingebundene Infos mit ein bis zwei Wochen, bei Zeitschriften oft mit zwei bis vier Monaten Vorlauf rechnen. Die Planung und Produktion einer Sendung für das öffentlich-rechtliche Fernsehen kann Monate oder Jahre im Voraus geschehen. Am besten rufen Sie in der anvisierten Redaktion an und erkundigen sich direkt dort.

## Worin unterscheiden sich die Medien im Einzelnen?

Bei all Ihren Überlegungen ist es wichtig, dass Sie die Besonderheiten des jeweiligen Mediums beachten. Dadurch erhöhen Sie die Chance, dass Sie Ihr Ziel erreichen und ein Beitrag, wie Sie ihn sich gewünscht haben, veröffentlicht wird.

### Print: Tageszeitungen und Anzeigenblätter

Je mehr Seiten oder Sendeplatz ein Medium zu füllen hat, desto eher wird es Ihnen gelingen, mit Ihrer Information durchzukommen. Eine regionale tägliche Zeitung muss mehr Raum füllen als eine überregionale Wochenzeitung. Hinzu kommt, dass es für Sie möglicherweise leichter ist, ein Thema zu finden, das regional auf Interesse stößt. Daher eignen sich regionale Anzeigenblätter oder Tageszeitungen gut als Zielmedien, wenn Sie in die Pressearbeit einsteigen wollen.

Auch wenn Sie auf diesem Weg vielleicht nur eingeschränkt Kontakt zu Ihren eigentlichen Bezugsgruppen aufnehmen, machen Sie doch erste Erfahrungen mit Journalisten und verschaffen sich relativ leicht Erfolgserlebnisse. Und Sie können mit diesen Veröffentlichungen die Basis für Ihre Pressearbeit legen und an weitere Journalisten herantreten.

Natürlich ist es ebenso möglich, dass Sie gleich zu renommierten überregionalen Tageszeitungen Kontakt aufnehmen, um Presse-Infos anzubieten. Dort geht allerdings eine Vielzahl ähnlicher Anrufe ein, sodass Sie mit Ihrem Anliegen nicht unbedingt freundlich empfangen werden. Eine höfliche Antwort wäre sicher wünschenswert, aber es ist besser, Sie rechnen nicht damit. Nehmen Sie lieber eine positive Haltung sich selbst gegenüber ein: „Ich habe es zumindest versucht."

## Nachrichtenagentur

Wenn Sie der Meinung sind, dass Sie eine wirklich gute Story zu bieten haben, dann können Sie sich auch an die Deutsche Presse-Agentur (dpa) wenden. Sie beliefert Tageszeitungen sowie andere Medien wie etwa Online-Magazine mit aktuellen Nachrichten und bietet diverse Themendienste von Reise bis Beruf an. Auch hier muss natürlich die Hürde genommen werden, dass der zuständige Redakteur Ihr Thema interessant findet. Ist dies geschafft, besteht die Chance, dass sich Ihre Nachricht in einer Vielzahl von Tageszeitungen und Online-Medien wiederfindet und Sie einen sehr großen Leserkreis erreichen. Übrigens können Sie der dpa auch regionale Nachrichten anbieten, in den Bundesländern gibt es jeweils Landesbüros und zusätzlich Zweigstellen in einigen Großstädten.

## Publikumszeitschriften

Überlegen Sie als Erstes, für welche Publikumszeitschriften Ihre Nachricht interessant sein könnte. Beachten Sie dabei, dass sich diese Zeitschriften nicht an Fachleute, sondern an ein breites Publikum richten. Nachrichtenmagazine wie „stern", „Spiegel" oder „Focus" gehören genauso in diese Gruppe wie Frauenzeitschriften, Männermagazine und der gesamte Yellow-Press-Bereich von „Frau im Spiegel" bis zum „Neuen Blatt". Sicher fallen Ihnen auf Anhieb noch weitere Namen ein.

Doch es geht um mehr als nur die richtige Adresse, schließlich wollen Sie Ihre Zielgruppe erreichen. Schauen Sie sich daher die Zeitschriften genau an. Wer sind die Leser? Über welche Themen wird berichtet? Und von wem? Besteht das Heft eher aus kurzen Meldungen oder aus längeren Artikeln? Je mehr Sie über eine Zeitschrift wissen, desto besser können Sie gegenüber der Redaktion argumentieren, warum gerade Ihr Thema interessant sein könnte. Aus Sicht eines Journalisten ist nichts ärgerlicher als ein Vorschlag, der für seine Zeitschrift überhaupt nicht infrage kommt. Damit verschwenden Sie seine, aber auch Ihre Zeit. Entwickeln Sie besser in aller Ruhe eine Vision, in welcher Zeitschrift und mit welcher Art von Artikel Sie vorgestellt werden wollen.

**Gut zu wissen**

### Journalisten folgen eigenen Gesetzen

Für Publikumszeitschriften schreiben nur hauptberuflich tätige Journalisten. Selbst wenn Sie meinen, dass Sie in der Schule gute Aufsätze geschrieben haben, halten Sie sich zurück. Das journalistische Schreiben gehorcht ganz anderen Gesetzen und ist ein eigenes Handwerk. Wenn Sie einer Publikumszeitschrift vorschlagen, selbst einen Artikel zu schreiben, zeigen Sie, dass Sie mit den Produktionsbedingungen nicht vertraut sind.

Indem Sie eine gut formulierte Pressemitteilung verschicken, zeigen Sie, für welches Thema, für welchen Inhalt Sie stehen. Machen Sie sich aber bewusst, dass Pressemitteilungen meist nicht eins zu eins als Artikel in einer Zeitschrift abgedruckt werden. Vielleicht werden Sie stattdessen angerufen, um aktuell oder später oder für einen längeren Beitrag als Experte/ Expertin zu fungieren. Ebenso kann es sein, dass Ihre Pressemitteilung in eine kurze Nachricht umformuliert wird und so in einer bestimmten Rubrik erscheint.

Weitere interessante Informationen finden Sie in den sogenannten Mediadaten. Sie werden von Zeitungs- und Zeitschriftenverlagen in regelmäßigen Abständen herausgegeben und enthalten Angaben zu den von ihnen veröffentlichten Printmedien, zum Beispiel in Bezug auf Redaktionsschluss, Erscheinungsweise sowie Erscheinungstermine, Anzeigenpreise und -konditionen, Details zum Druckverfahren, Reichweite und Verbreitungsgebiet des Mediums sowie redaktionelle Themenpläne. Dennoch empfiehlt es sich, die eigene Kontaktperson anzurufen und bei ihr nachzufragen, da die individuellen Abläufe variieren können. Auch Online-Medien, Radio- und TV-Sender veröffentlichen Mediadaten mit den entsprechenden Informationen über ihre Zielgruppe sowie die bestehenden Werbemöglichkeiten.

## Fachzeitschriften

Anders als Publikumszeitschriften veröffentlichen Fachzeitschriften – oft, ohne Honorare zu bezahlen – Artikel von Experten. Auch hier gilt es, die relevanten Medien für Ihr Themengebiet zu finden und dann Themen vorzuschlagen. Am besten schicken Sie erst einmal eine E-Mail mit einem Themenvorschlag und fragen in der entsprechenden Redaktion nach, ob mehr Informationen gewünscht werden.

Oft fordern die Ansprechpartner dann ein Exposé an, in dem Sie auf einer halben bis ganzen Seite skizzieren, wie Ihr Artikel aussehen soll. Wichtige Aspekte: Was sind Ihre Hauptthesen? Wie könnte die Gliederung aussehen? Welche Aspekte werden Sie berücksichtigen? Natürlich können Sie Ihre Pressemitteilung auch für die News-Rubrik von Fachzeitschriften einsetzen.

**Im Gespräch**

Oliver Schultze, 43, ist seit 1997 Steuerberater und seit dem Jahr 2000 in Pinneberg niedergelassen. Er hat sich auf die Besteuerung von Kapitalerträgen spezialisiert.

*Sie haben Ihre Pressearbeit mit Fachveröffentlichungen begonnen?*
Ja, ich habe ein gutes Dutzend Fachveröffentlichungen geschrieben. Wir haben uns auf einen speziellen Bereich des Steuerrechts fokussiert. Es gibt nicht so wahnsinnig viele, die auf dem Niveau beraten können, wie wir es tun. Die Fachzeitschriften sind oft froh, wenn sie jemanden finden, der zum Beispiel ein aktuelles BFH-Urteil kommentiert.

*Daraus haben sich auch Veröffentlichungen in anderen Medien ergeben?*
Die Wirtschaftsredaktionen verfolgen die Fachpresse und nehmen gerne Beiträge von Praktikern auf. Oder man arbeitet mit den Autoren zusammen, um die komplizierte Materie breitenwirksam aufzubereiten. Auf diese Weise haben wir in der „F.A.Z.", der „Börsenzeitung", der „Wirtschaftswoche", bei „Finanzen.net" sowie weiteren Medien Veröffentlichungen erreicht. Für die Journalisten ist wichtig, dass wir den Beitrag mit Beispielen und Kommentaren würzen, die aus der Praxis stammen. Außerdem lesen wir die Artikel auf fachliche Korrektheit gegen.

*In welcher Form betreiben Sie noch Pressearbeit?*
Den Versand von Pressemitteilungen habe ich zwei- bis dreimal versucht, das hat aber nicht gleich etwas gebracht. Sie gingen an drei bis vier regionale Medien, eine solche Aktion geht dann unter. Aber vor einiger

Zeit haben wir zusammen mit Kollegen – einer relativ großen Kanzlei – ein BFH-Verfahren geführt. Die haben gute Kontakte zur Presse vor Ort, was uns Veröffentlichungen einbrachte. Es ist ja schließlich etwas Besonderes, wenn jemand aus Pinneberg einen solchen Prozess gewinnt. In der Folge sind wir dann vom „ZDF" angesprochen worden, und ich kam als Experte bei „Frontal21" zu Wort. Wir haben auch beim Steuerberatertest von „Focus Money" mitgemacht und wurden gelistet. Außerdem schreibe ich zwei- bis dreimal pro Jahr eine Steuerseite für ein kostenloses Anzeigenblatt. Ich habe dort einfach angerufen – der Ansprechpartner hat sich gefreut, denn sie haben keinen spezialisierten Redakteur für Steuerthemen.

*Lohnt sich der Aufwand für Pressearbeit für Sie?*
Einen oder zumindest einen halben Jahresumsatz haben wir durch die Medienarbeit erreicht, überraschend viel durch die Beiträge in den Werbeblättern. Das ist sehr erfolgreich. Bundesweite Medien wie die „F.A.Z." sind dagegen eher etwas fürs Renommee. Den BFH-Prozess haben wir auf diese Weise erhalten. Das rechnet sich finanziell nicht, festigt aber den Ruf, besonders gegenüber den anderen Kanzleien. Das ist wichtig für uns, denn unsere Spezialistentätigkeit wollen wir gerne auch im Auftrag von Kollegen ausüben.

## Radio

Übersehen Sie vor lauter Printmedien nicht die Möglichkeiten, die das Radio bietet. Es ist zwar ein sehr flüchtiges Medium – anders als Zeitschriften, in denen man immer wieder blättern kann –, aber es eröffnet zusätzliche Wege zu Ihrer Bezugsgruppe. Bieten Sie an, als Gast ins Studio zu kommen oder als Experte/Expertin am Telefon zur Verfügung zu stehen. Auch wenn Sie sich davor fürchten: Nehmen Sie jede Gelegenheit wahr, im Radio zu sprechen, denn dadurch bekommen Sie Übung. Wohl mag es aufregender sein, im Fernsehen aufzutreten, doch gerade für Einsteiger ist es ganz gut, sich keine Gedanken über das Aussehen machen zu müssen, sondern sich ganz aufs Sprechen konzentrieren zu können.

Wundern Sie sich nicht, wenn Sie mit Ihrem Thema beim Radio nicht so einfach landen können wie bei der Lokalzeitung, denn hier wird stärker ausgesiebt. Der Grund: Es gibt nur sehr wenige lokale Radiostationen, die meisten Radiosender haben ein größeres Verbreitungsgebiet als Lokalzeitungen. Ihr Thema muss also für einen größeren Hörerkreis interessant sein. So gibt es beispielsweise im Verbreitungsgebiet des SWR 4 Schwabenradios in Ulm über zehn lokale Tageszeitungen.

Als Abnehmer für Ihr Thema werden sich in der Regel eher öffentlich-rechtliche Radiosender eignen, denn bei den privaten Sendern besteht der Wortanteil oft vor allem aus Moderation, Spielen und Unterhaltung. Nur selten werden journalistisch aufbereitete Sendungen ausgestrahlt. Dennoch kann es nützlich sein, auch die Privatradios mit Veranstaltungshinweisen zu versorgen, da es hier wie überall Ausnahmen gibt: Das Privatradio „Neonox" in Augsburg zum Beispiel hat eine tägliche Sendung im Programm, die ein zweistündiges Studiogespräch umfasst, in dem ein Studiogast – beispielsweise ein/e Buchautor/in oder ein Experte/eine Expertin – Fragen zu einem bestimmten Thema beantwortet. Leider läuft die Sendung von 0:00 bis 2:00 Uhr live – was das mögliche Publikum stark eingrenzt.

Auf jeden Fall ist es beim Radio besonders wichtig, genau zu analysieren, welche Zielgruppe von den jeweiligen Sendern angesprochen wird. In den letzten Jahren ist die Entwicklung zum sogenannten Formatradio stark vorangeschritten, und auch die öffentlich-rechtlichen Radiosender haben eine klare Aufgabenteilung. Sie sind nach Wellen, zum Beispiel Bayern 1, 2 und 3, gegliedert und sprechen bestimmte Altersgruppen mit einer speziellen „Musikfarbe" an; zudem gibt es inzwischen reine Kultur-, Nachrichten- oder Jugendkanäle. Überlegen Sie genau, welche Zielgruppe Sie erreichen wollen und welche Welle sie hört.

Denken Sie gründlich darüber nach, wie Sie Ihr Thema im Radio – einem akustischen Medium – attraktiv gestalten können. Das bevorzugte Mittel dabei sind O-Töne (Originaltöne), wie Radiojournalisten Statements von Betroffenen und Experten nennen. Überlegen Sie auch, welche Klänge, Geräusche oder Musik sich mit Ihrem Thema verbinden lassen. Hat Ihr Unternehmen eine neue Maschine angeschafft, die Inhalt der Berichterstattung ist? Welche Geräusche gibt diese Maschine von sich? Bedenken Sie, dass Sie bei einer Presseeinladung den Radiojournalisten die Möglichkeit geben sollten, solche und andere interessante Geräusche einzufangen. Was ist „radiofon" an Ihrem Thema? Es schadet überhaupt nicht, wenn Sie Ihre Presseinformationen an Radiojournalisten um Hinweise ergänzen, was akustisch an Ihrem Thema interessant ist und welche Töne wie und wo aufgenommen werden können.

## So kommen Ihre Inhalte besser an

Planen Sie zum Beispiel eine Pressekonferenz, so beachten Sie, dass viele Radiosender eine aktuelle Sendung um die Mittagszeit und am späten Nachmittag haben. Setzen Sie den Termin daher so an, dass es Ihre Nachricht noch in die jeweilige Sendung schaffen könnte. Rechnen Sie bei Ihrer Kontaktaufnahme mit einem erhöhten Stresspegel in den Redaktionen, die stündlich aktuell senden. Außerdem ist zu berücksichtigen, dass Regionalradios meist keine Fachredaktionen haben. Es kann trotzdem sein, dass einzelne Kollegen auf bestimmte Themen spezialisiert sind; rufen Sie daher auf jeden Fall vorher an und fragen Sie nach. Meistens gibt es darüber hinaus einen Chef vom Dienst. Er verantwortet die Sendung und bestimmt, wer welche Termine besetzt. Deshalb schadet es nicht, Presseinformationen sowohl an den Chef vom Dienst als auch an einzelne Redakteure zu schicken.

Wenn Sie als Studiogast beim Radio eingeladen werden oder ein/e Radioreporter/in Sie in Ihrer Firma besucht, denken Sie daran, dass Radio im Idealfall „Kino im Kopf" ist. „Erzeugen Sie Bilder, erzählen Sie Geschichten, machen Sie Beispiele hörbar", rät die Journalistin Anita Schlesak, die seit über 20 Jahren fürs Radio arbeitet.

Manchen Menschen fällt es schwer, bildhaft zu formulieren. Als Hilfestellung empfiehlt Schlesak, sich vorzustellen, dass das Interview ein Dialog mit den Hörern ist. Sicher werden Ihnen dann Formulierungen einfallen wie „Stellen Sie sich vor …" oder „Kennen Sie das auch?". Daraufhin lassen Sie dann die Beschreibung einer konkreten Situation folgen. „Das Wichtigste ist die Spontanität, dass das Gespräch lebendig wirkt", sagt Radioexpertin Schlesak. „Haben Sie keine Angst, sich zu versprechen, korrigieren Sie sich einfach. Hauptsache, Sie kommen natürlich rüber und nicht einstudiert. Versprecher versenden sich."

Was kennzeichnet Sprache im Radio? Das Medium ist aktuell, schnell – was der Hörer nicht sofort versteht, versteht er gar nicht, nachlesen ist nicht möglich. Sprechen Sie deshalb deutlich, fassen Sie sich kurz und haben Sie keine Scheu vor Wiederholungen. Vermeiden Sie komplizierte sowie gestelzte Formulierungen, sprechen Sie eher schlaglichtartig und möglichst so, wie Sie sonst auch reden – nicht zu schnell, aber auch nicht zu langsam. Machen Sie sich klar, dass die Hörer bei einem Radio-Interview auch etwas über Ihre Stimmung erfahren – und zwar über Ihre Stimme. „Es ist ganz klar, das Radio transportiert Persönliches", erklärt Schlesak. Sie rät deshalb dazu, vor Interviews den Körper zu entspannen, durchzuschütteln und zu lockern. Setzen Sie sich beim Gespräch aufrecht hin und stellen Sie die Füße fest auf den Boden. Damit sorgen Sie für eine sichere Verankerung. Atmen Sie tief durch und lächeln Sie – denn das hört man.

## Fernsehen

Anders als bei Printmedien, bei denen ein kurzes Telefonat oft reicht, um dann zitiert zu werden, braucht das Fernsehen Bilder. Ohne Bilder kein Beitrag. Bei der Kontaktaufnahme mit dem Fernsehen sind deshalb noch andere Aspekte zu beachten als bei anderen Medien.

**Im Gespräch**

Diana Seiler, 44 Jahre, lebt in Eppstein bei Frankfurt am Main und arbeitet als Journalistin für eine aktuelle regionale TV-Sendung beim Hessischen Rundfunk. Sie weiß, worauf es ankommt, wenn man ins Fernsehen möchte.

*Wann sollte ich eine Einladung für eine Veranstaltung oder für ein interessantes Ereignis an eine aktuelle TV-Redaktion schicken?*
Pressemitteilungen sollten Sie am Montag der Woche vor dem Termin schicken. Montags wechseln oft die Planer, die die Themen festlegen. Sie starten dann mit dem Sammeln der Termine.

*Wann weiß ich, ob tatsächlich jemand vom TV kommt?*
Über die meisten Termine wird erst am Tag vorher entschieden. Das heißt aber nicht, dass Ihr Thema nicht doch noch herausfliegen kann, wenn am selben Tag zu viel Aktuelles – zum Beispiel Unfälle oder ein Sturm – passiert.

*Mit welchen Reaktionen muss ich rechnen, wenn ich in einer TV-Redaktion anrufe?*
Ihr Anruf könnte ungelegen kommen. Nachrichtenredaktionen gehen zum Beispiel bis zu sechsmal am Tag auf Sendung, da erwischt man schnell mal jemanden im falschen Augenblick. Fragen Sie immer nach den Planern beziehungsweise den Tagesplanern. Falls sich schon jemand gemeldet hat, der oder die sich für Ihr Thema zuständig erklärt, rufen Sie nur noch dort an.

*Kann ich das Fernsehen auch zu Pressekonferenzen einladen?*
Pressekonferenzen sind für das TV völlig uninteressant. TV-Journalisten brauchen bewegte Bilder. Was gibt es in Ihrem Unternehmen, das man zeigen könnte? Welche Abläufe sind interessant? Gibt es in der Produktion Details, die sich gut zum Drehen eignen?

*Muss ich für einen Dreh etwas vorbereiten?*
TV-Teams melden sich immer an. Gehen Sie davon aus, dass die TV-Reporter sowohl an Interview-Statements interessiert sind als auch an sogenannten Schnittbildern. Das sind Bilder, auf die im Beitrag später der Kommentartext gesprochen werden kann. Wenn sich das Fernsehen anmeldet, sollten Sie allen Beteiligten im Unternehmen Bescheid sagen und um Unterstützung bitten. Fragen Sie schon einmal, wer nicht gezeigt werden möchte.

Es kann sein, dass das TV-Team für die Schnittbilder einzelne Mitarbeiter bittet, verschiedene Tätigkeiten auszuführen, die zu deren Job gehören. Und das unter Umständen öfter, bis die Szene aus verschiedenen Perspektiven gedreht ist. Ein Dreh bedeutet für das TV-Team immer auch, dass es schwere Ausrüstung mitbringen muss. Kümmern Sie sich daher um eine Parkmöglichkeit vor dem Eingang.

*Wie kurzfristig meldet sich ein TV-Team an?*
Aktuelle Nachrichten werden heutzutage überwiegend für denselben Tag produziert. Wenn also eine Journalistin anruft und innerhalb von ein paar Stunden zum Dreh vorbeikommen will: Seien Sie nicht ungehalten, sondern sagen Sie ja. Wenn Sie kooperativ und unkompliziert reagieren, dann ergeben sich daraus vielleicht weitere Möglichkeiten.

*Sollte ich dem TV-Team noch Material mitgeben?*
Ja, halten Sie Informationsmaterial bereit und nennen Sie eine Telefonnummer, unter der Sie im Lauf des Tages erreichbar sind. Meist ergeben sich später beim Schneiden oder der Abnahme des Beitrags noch Fragen. Geben Sie den Reportern auch Ihre Visitenkarte mit. So erhöhen Sie die Chance, dass Ihr Name und Unternehmen im Insert (Einblendungen während des Beitrags) korrekt geschrieben sind.

*Was sollte ich bei meinem Statement beachten?*
Ein Nachrichtenbeitrag hat heutzutage meist eine Länge von 70 bis 90 Sekunden. Ihr Statement, also Ihr Original-Ton, kurz O-Ton, sollte nicht

länger als 20 Sekunden sein. Schließlich muss in dem Beitrag ja auch das Thema vorgestellt und darüber berichtet werden. Überlegen Sie sich vorher, was Ihre wichtigsten Botschaften sind. Außerdem schadet es nicht, vor dem Interview noch einmal in den Spiegel zu schauen, die Frisur zu richten, sich das Gesicht zu pudern oder sich zu schminken. Tragen Sie nichts Kleingemustertes und vermeiden Sie grobe Stoffe, denn das führt zu Flimmereffekten. Bitte schalten Sie vorher alles aus, was Hintergrundgeräusche erzeugen könnte: Maschinen, Telefone oder Handys.

*Wo soll ich während meines Statements hinschauen?*
Bitte nicht in die Kamera, sondern sehen Sie den Reporter oder die Reporterin an, das hilft auch gegen Nervosität. Und beugen Sie sich bitte nicht zum Mikrofon hin.

## Auftritte bei Studio-Diskussionen und in Talkshows

Eine weitere Möglichkeit, als Gast ins Fernsehen zu kommen, ist eine Einladung zu einer Gesprächsrunde ins TV-Studio. Wer dabei sympathisch und glaubwürdig „rüberkommt", punktet beim Publikum. Bedenken Sie, dass nur etwa fünf Prozent des Gesagten beim Massenpublikum länger als eine Stunde haften bleibt, während Mimik, Gestik und sonstige Körpersprache auch noch Tage später nachwirken. Daher ist es selbstverständlich, dass Sie als Frau für Ihren TV-Auftritt geschminkt oder als Mann zumindest abgepudert werden, damit Sie gut aussehen und ankommen.

**Im Gespräch**

Wie Sie Ihre Wirkung zu einem guten Teil selbst steuern können, weiß die Fernsehredakteurin Corinna Benning, die seit Jahren beim Bayerischen Rundfunk TV-Studiodiskussionen vorbereitet und betreut. Mit ihr gemeinsam entwickelte Isabel Nitzsche Medientrainings für Professorinnen und Hochschulangestellte, die sie gemeinsam durchführen.

*Achtung, Aufnahme – wo soll ich hinschauen?*
Haben Sie Gesprächspartner, so konzentrieren Sie sich mit Ihrer Blickrichtung auf diese. Der erste Blick in die Kamera bleibt haften, er sollte deshalb ungezwungen und natürlich sein. Hier gilt der Grundsatz

„Lächle mehr als andere". Warten Sie die letzten Sekunden vor dem Beginn der Aufzeichnung ab. Schauen Sie erst dann, wenn das Signal zum Start oder der Trailer der Sendung, also die Ansage kommt, mit einem freundlichen Lächeln in das Objektiv.

### *Wie wirke ich vor der Kamera?*

Denken Sie immer daran, wie klein und räumlich begrenzt das Gesamtbild auf unserem Fernsehschirm ist. Verwenden Sie deshalb eine sparsame Gestik, die Ihre Aussagen unterstreicht, sich jedoch nicht in wildem Herumfuchteln verliert. Sonst widerfährt es Ihnen gerade bei Naheinstellungen, dass Sie mit Ihren Händen aus dem Bildausschnitt hinausgestikulieren – und wieder hinein und wieder hinaus.

### *Wie trete ich überzeugend auf?*

Auch wenn es auf den ersten Blick eigenartig klingen mag: Versuchen Sie nicht, rhetorisch absolut perfekt zu sein. Das schafft Distanz und löst Ablehnung aus, vor allem bei einer intelligenten Zuhörerschaft. Bei diesen Personen wecken perfekte Redner Misstrauen und sogar Aggressionen. Alles, was unecht, künstlich oder angelernt ist, wirkt negativ. Vereinfachen Sie stark und prägen Sie sich vorher einige Schlüsselstatements ein. Stehen Sie zu Ihrer Persönlichkeit und vermeiden Sie alles Gekünstelte. Nur so sind Sie glaubwürdig.

Redner sind souverän, wenn sie zu ihren Fehlern stehen. Verbergen Sie nichts, was mit Ihnen zu tun hat. Seien Sie authentisch. Nur das bringt Sie dem Publikum näher! In erster Linie präsentieren Sie sich selbst als Interviewgast. Erst in zweiter Linie interessiert das, was Sie sagen: Jemand, der beim Publikum ankommt, kann es sich sogar erlauben, einmal etwas schwächere Argumente vorzubringen. Da man sie/ihn sympathisch findet, fällt es schwerer, sich ihrer/seiner Argumentation zu verschließen.

### *Wie steigere ich meinen Marktwert als TV-Experte/-Expertin?*

Gefragt sind Expertinnen und Experten, die bereit sind, möglichst sofort eine klare, kurze und möglichst pointierte Meinung abzugeben. Ob sie sich bereits genauer mit dem Thema auseinandergesetzt haben, ist meist sekundär. Formulieren Sie kurze, prägnante Aussagen, selbst zu Themen, die nicht Ihr Fachgebiet betreffen. Seien Sie originell, entwickeln Sie einen persönlichen Stil.

Ihr Markenzeichen kann ganz verschieden aussehen: Seien Sie innovativ, vorausschauend oder denken Sie quer. Hauptsache, Sie heben sich von der Masse ab. Mit einem eigenen Auftritt entwickeln Sie ein Image, das Sie – um glaubwürdig zu bleiben – beibehalten sollten. So bleiben Sie Ihren Zuhörern und Zuschauern in Erinnerung, denn Ihre Aussagen wirken durch Ihre überzeugende Präsentation nachhaltig.

## Online

Zeitungen, Zeitschriften, Radio und TV – die meisten dieser Medien haben zusätzlich einen Online-Auftritt, in der Regel mit einer eigenen Redaktion. Denken Sie also daran, auch die Online-Redaktionen mit Ihren Infos zu versorgen. Pressemitteilungen werden meist nicht zwischen den Redaktionen ausgetauscht oder weitergeleitet.

Während früher Online-Ausgaben ein „Abfallprodukt" der Printausgaben waren und bestenfalls ergänzende Serviceinformationen enthielten, gilt heute zunehmend das Gegenteil: Immer mehr Verlage stellen Artikel, die später in der Druckausgabe erscheinen, ihren Lesern schon vorab online zur Verfügung – gelegentlich beschränkt auf die Abonnenten der Printausgabe, meist kostenlos für alle. „Online first" oder auch „web first" heißt diese Verlagspolitik. Damit gelingt es den Printmedien, gegenüber Radio und Fernsehen wieder zum schnelleren Medium zu werden. Das heißt für Sie konkret: Dort, wo es bei zwei getrennten Redaktionen bleibt, gewinnt die Online-Redaktion gegenüber der Printredaktion an Bedeutung. Denken Sie zum Beispiel an „Spiegel online", das inzwischen weit mehr Leser haben dürfte als das gedruckte Magazin.

Zusätzlich gibt es inzwischen eine große Anzahl reiner Online-Redaktionen mit einer enormen Bandbreite vom professionell gemachten journalistischen Angebot über halbprofessionelle Angebote bis hin zu privat betriebenen Websites. Gemeinsames Merkmal der Online-Redakteure: In aller Regel haben sie noch weniger Zeit für das Verfassen eines Beitrags als ihre Kollegen in den Printredaktionen, sie müssen also schneller als diese arbeiten. Das hat handfeste wirtschaftliche Gründe, denn Online-Medien zahlen typischerweise deutlich geringere Honorare. Zwar gibt es keinen Redaktionsschluss, aber das bedeutet nur, dass Beiträge ohne Zeitverzögerung veröffentlicht werden können. Professionelle Journalisten stehen dabei im Wettbewerb mit ambitionierten Bloggern, die oft über erhebliches Fachwissen verfügen. (Mehr zum Thema Blogs erfahren Sie später in diesem Abschnitt und ganz ausführlich in Kapitel 7) Welche Schlussfolgerungen können Sie daraus für Ihre Pressearbeit ziehen?

- Zum einen erweitert sich das im Rahmen Ihrer Public Relation zu bearbeitende Feld ganz erheblich. Sie werden für Ihren Presseverteiler vielleicht genauso viele Online-Redakteure ermitteln wie andere Journalisten zusammengenommen.
- Einige Online-Medien bieten eine größere Reichweite als so manches etablierte Printmedium. Selbst kleinere Websites können einen großen Werbeeffekt erzielen, wenn sie sehr stark spezialisiert sind und ihre Zielgruppe daher ohne Streuverluste erreichen. Und auch das Gegenteil gibt es: Online-Medien, die auf den ersten Blick einen professionellen Eindruck machen, tatsächlich aber kaum Leser haben. Wählen Sie Ihre Partner daher umsichtig aus. Es ist legitim, beim ersten Gespräch nach der Anzahl der Besucher und Seitenabrufe zu fragen, um sich eine Vorstellung von der Bedeutung der Website zu machen. Wenn Seiten professionelle Bannerwerbung tragen, können Sie auf der Seite des Werbevermarkters die Mediadaten mit genauen Informationen zur Anzahl der Besucher und Newsletter-Abonnenten sowie deren soziodemografischen Merkmale abrufen.
- Online-Medien lassen auf gute Veröffentlichungschancen hoffen. Die Bereitschaft, eine Pressemitteilung mit wenigen Änderungen zu

**Tipp**
**So gehen Sie mit Anfragen um**

Grundsätzlich sollten Sie es als Kompliment betrachten, wenn Ihr Inhalt so gut ist, dass andere Medien ihn übernehmen wollen. Achten Sie aber darauf, dass die Gegenleistung stimmt: Ihr Partner sollte ausreichend deutlich auf Ihre Website verweisen. Die Wirkung können Sie nachvollziehen, indem Sie in Ihrer Webstatistik die Anzahl der Referrals (Besuche über den vom Partner gesetzten Link) überprüfen. Auch sollten Sie immer nur einen Teil Ihres Contents weitergeben, ansonsten wird das Informationsbedürfnis Ihrer Leser bereits auf der Seite des Partners vollständig gedeckt.

übernehmen, ist sehr viel größer als bei anderen Medien. Der Appetit auf Content geht sogar so weit, dass viele Online-Redakteure aktiv auf andere Websites zugehen und deren Inhalte übernehmen möchten. Das kann insbesondere dann geschehen, wenn Sie einen Newsletter mit journalistisch aufbereiteten Informationen veröffentlichen. „Traffic gegen Content" heißt dann der Deal: Sie erhalten kein Geld, es wird aber auf Ihre Website verlinkt.

- Nicht selten werden Ihre Ansprechpartner Sie fragen, ob Sie einen Beitrag speziell für das Medium aufbereiten oder anpassen können. Das ist keineswegs unüblich, doch auch hier sollten Sie Prioritäten setzen und sich dabei auf Websites mit vielen Besuchern, zahlreichen Newsletter-Abonnenten und einer deckungsgleichen Zielgruppe konzentrieren. Auch bei ganz normalen Berichten über Ihr Unternehmen sollten Sie stets darum bitten, dass die Online-Redaktion einen Link zu Ihrer Website setzt. Ein großer Vorteil von Berichten in Online-Medien und Newslettern besteht eben darin, dass die Leser mit nur einem Klick auf Ihre Website wechseln und sich genauer über Ihr Angebot informieren können.

- Online-Redakteure sind „Mädchen für alles". Nur in Ausnahmefällen gibt es einen eigenen Fotoredakteur, und selbst beim Korrekturlesen wird gespart. Deshalb ist gerade hier „Full Service" gefragt. Wenn Sie ein passendes Foto kostenfrei zur Verfügung stellen können, ist eine Veröffentlichung sehr wahrscheinlich und die Aufmerksamkeit für Ihren Artikel erhöht sich beträchtlich.

- Das Füllen von Newslettern mit Beiträgen ist eine besonders unbeliebte Arbeit. Hier haben Sie gute Chancen, mit dem richtigen Thema unterzukommen. Vielleicht können Sie sogar regelmäßig Servicebeiträge, Tipps oder Kommentare liefern, dann haben die Anbieter Ihren Beitrag schon einmal sicher. Es ist ungleich schwerer, bei Printmedien eine solche feste Kolumne zu erhalten, obwohl Sie das natürlich auch anstreben sollten.

Behalten Sie auch die Chancen im Blick, die Blogs und Diskussionsforen bieten. Es gibt inzwischen zu verschiedensten Themen einflussreiche Blogs mit großer Leserschaft, die auch von Journalisten aufmerksam verfolgt werden, die sich auf die jeweiligen Bereiche spezialisiert haben. Ein konstruktiver Beitrag in einem Blog kann daher überraschend schnell zum

Kontakt mit einem Journalisten oder einer Journalistin führen, der oder die gerade zu diesem Thema recherchiert. Einige Anbieter verfolgen sogar die Strategie, ausgewählte Blog-Autoren vorab über Entwicklungen zu informieren. Sie bedienen so das Streben der Blog-Betreiber, neue Informationen schnell – ähnlich wie ein interessantes Gerücht – unter die Leute zu bringen.

Aber Vorsicht: Wenn es um Beiträge in Blogs und Diskussionsforen geht, sollten Sie ein gewisses Fingerspitzengefühl entwickeln. Die direkte Übernahme von Pressemitteilungen verbietet sich ebenso wie die Verwendung von Marketingsprache und das Aufzählen von Produktvorteilen. Gefragt sind konstruktive Beiträge, die die Diskussion voranbringen. Eigenwerbung, indem Sie Ihre eigene Tätigkeit erwähnen und einen Link zu Ihrer Website setzen, ist erlaubt, ebenso gezielte Hinweise auf weiterführende Informationen oder nützliche Tools, die Sie auf Ihrer Website bereitstellen. Voraussetzung ist immer, dass diese Informationen auch wirklich inhaltlich passen und relevant sind.

Sie sehen schon: Wenn Sie mit Ihrer Pressearbeit Online-Medien erreichen wollen, reicht es nicht aus, Ihre Pressemitteilungen per E-Mail zu versenden. Wie Sie die Möglichkeiten im Internet gekonnt einsetzen, um alle Arten von Medien zu erreichen, erfahren Sie in Kapitel 7.

## Wenn Sie ein Thema für mehrere Medien aufbereiten wollen

Sie haben ein Thema für eine regionale Tageszeitung gefunden, zum Beispiel möchten Sie Ihre Ad-hoc-Kinderbetreuung für berufstätige Mütter in besonderen Fällen (Krankheit, Seminarbesuch etc.) in der Region bekanntmachen.

Wen könnte das interessieren? Steckt ein neuer fachlicher Aspekt in diesem frisch gegründeten Unternehmen, der sich als Aufhänger für Ihren Beitrag in einem Fachmagazin eignet? Oder ist das Thema besonders für eine Frauenzeitschrift interessant? Vielleicht kennen Sie auch eine Frau, die als Protagonistin für einen Artikel in einer Frauenzeitschrift infrage kommt. Eventuell beschreiben Sie sich selbst als Gründerin, die vorher arbeitslos war und jetzt vier Mitarbeiterinnen beschäftigt. Oder Ihre Kundinnen geben der Meldung eine Richtung, indem sie erklären, warum ihnen eine Frau als Dienstleisterin wichtig ist.

Wenn Sie dann Ihre Pressemitteilung verfassen, sollten Sie zusätzlich – je nach Medium – angeben, welche Aspekte Ihres Themas sich besonders

- für Fotos eignen (Zeitung, Zeitschrift),
- durch interessante Akustik veranschaulichen lassen (Radio),
- durch bewegte Bilder illustrieren lassen (Fernsehen),
- für einen speziellen Online-Service wie einen Test für die User, eine Linkliste, einen Podcast anbieten (Online-Medien).

Wenn Sie Ihr Thema unter diesen Gesichtspunkten betrachten, finden Sie mit Sicherheit schnell heraus, welche Aspekte sich in welchem Medium besonders gut aufbereiten lassen.

# 4. Wie Sie eine gelungene Pressemitteilung verfassen

Haben Sie ein Thema gefunden? Glückwunsch, dann müssen Sie es im nächsten Schritt nur noch journalistisch aufbereiten. Beachten Sie dabei die Regeln für Pressemitteilungen und erhöhen Sie auf diese Weise die Chancen auf eine Veröffentlichung.

An dieser Stelle haben Sie zwei wichtige Aufgaben erledigt. Sie haben ein Thema, das Sie unbedingt an die Öffentlichkeit bringen wollen. Und Sie haben analysiert, welche Medien für Sie am besten geeignet sind. Nun geht es darum, eine Pressemitteilung zu verfassen, mit der Sie die Medien sachlich informieren können.

Im besten Fall ist Ihr Thema interessant genug und der Text so gut formuliert, dass beispielsweise eine Tageszeitung daran nicht mehr viel ändern muss und ihn fast eins zu eins abdruckt oder ein Online-Magazin Ihre Nachricht online stellt. Bei Zeitschriften ist die Sache etwas anders gelagert. Viele davon haben zwar auch News-Seiten, doch werden Pressemitteilungen dafür oft umgeschrieben. Trotzdem sind ausformulierte Texte hilfreich, weil sie die Basis für die Veröffentlichung bilden. Die Ideen für Artikel im Hauptteil von Zeitschriften stammen nicht selten aus Pressemitteilungen oder ergeben sich durch Hinweise von Experten. Auch beim Radio oder beim Fernsehen sind Pressemitteilungen oftmals Anlass für eine Berichterstattung.

Für die Journalisten und Redakteure ist es dann ein Leichtes, die entsprechenden Verfasser zu kontaktieren, um sie für einen längeren Artikel zu befragen und vielleicht mit zwei, drei Statements zu zitieren oder sie für eine Sendung im Radio oder TV einzuladen.

Welches Medium auch immer Sie ansprechen wollen – eine Pressemitteilung sollte stets die journalistische Form einer Nachricht haben. Damit helfen Sie den Journalisten zu verstehen, um welches Thema es geht, und dieses entsprechend einzuordnen. Ihre Pressemitteilung ist Ihre Visitenkarte. Wichtig ist auch in diesem Zusammenhang wieder die Haltung, sich in die Journalisten als Ihre Kunden hineinzuversetzen. Was brauchen diese, um Ihr Thema in ihrem Medium während der Redaktionskonferenz an ihre jeweiligen Chefs und damit auch an die Zuhörer, Zuschauer und User verkaufen zu können?

Die Pressemitteilungen, die in Redaktionen landen, wirken oft wie konfektionierte Massenware und nur selten wie maßgeschneiderte Angebote – obwohl eine sehr genaue Ausrichtung weitaus mehr Erfolg verspricht. Überlegen Sie sich deshalb die entsprechenden Details für die unterschiedlichen Medien! Zwar bedeutet das zusätzlichen Arbeitsaufwand, doch am Ende unterscheidet sich Ihre Pressemitteilung eklatant von anderen. Und damit erhöhen Sie die Chancen, dass über Ihr Thema – und über Sie – berichtet wird.

**Gut zu wissen**

**Zauberformel „AIDA"**

Beachten Sie beim Verfassen einer Pressemitteilung das aus dem Marketing bekannte AIDA-Prinzip.

- **A**ttention (Aufmerksamkeit)
- **I**nterest (Interesse)
- **D**esire (Wunsch)
- **A**ction (Handlung)

Mit der AIDA-Formel steuern Sie Ihre Kommunikation so, dass Sie am Ende auch das Ziel erreichen, das Sie sich selbst gesteckt haben. Bezogen auf Ihre Pressearbeit mithilfe von Pressemitteilungen, bedeutet das AIDA-Prinzip Folgendes:

- Aufmerksamkeit: Der Journalist oder die Journalistin sieht, dass eine Pressemitteilung eingetroffen ist.
- Interesse: Er oder sie liest die Mitteilung.
- Wunsch: Er oder sie möchte einen Beitrag zum Thema veröffentlichen.
- Handlung: Er oder sie kopiert die Mitteilung ins Redaktionssystem und redigiert sie oder nimmt Kontakt zum Verfasser/zur Verfasserin auf, um ein Interview zu machen oder eine Einladung ins Radio- oder TV-Studio auszusprechen. Der Beitrag erscheint.

Die AIDA-Formel hilft Ihnen zu erkennen, wo bei der Vermittlung der Pressemitteilung an die Journalisten Störungen auftreten können. Um erfolgreich zu sein, sind alle Stufen der AIDA-Formel nötig. Es nützt nichts, wenn Ihr Thema zwar interessant klingt, es aber nicht zu einer Veröffentlichung kommt.

## Formulieren Sie Ihr Thema als Nachricht

Um Ihre Pressearbeit selbst zu erledigen, brauchen Sie keine journalistische Ausbildung. Sie müssen sich auch nicht mit sämtlichen journalistischen Stilformen beschäftigen. Es lohnt sich jedoch zu lernen, wie eine Pressemitteilung geschrieben wird, da sie ein zentrales Instrument der

Pressearbeit in eigener Sache ist. Sie sollte sämtlichen Anforderungen entsprechen, die Journalisten an ihre Nachrichten stellen. Dabei sind vor allem die sogenannten sechs W-Fragen wichtig. Finden Sie in Ihrer Pressemitteilung Antworten darauf:

- Wer?
- Was?
- Wann?
- Wo?
- Wie?
- Warum?

Nicht immer lassen sich eindeutige Antworten finden. Trotzdem können Sie versuchen, jede einzelne Frage zumindest in Ansätzen zu beantworten, zum Beispiel: „Warum?" – „Experten streiten noch über die Ursache für dieses Phänomen." In welcher Reihenfolge Sie sich über die Fragen Gedanken machen, hängt davon ab, welche davon die wichtigste ist – was wiederum vom Thema abhängt. Diese sollten Sie sich zuerst vornehmen. Schon im ersten oder zweiten Satz sollte der zentrale Inhalt genannt werden. Die übrigen W-Fragen können Sie dann nach und nach in beliebiger Reihenfolge beantworten.

In manchen thematischen Zusammenhängen ist darüber hinaus noch eine siebte W-Frage wichtig, nämlich: „Welche Quelle?" Die Antwort hierauf sagt, woher eine Information stammt. Das kann eine Studie sein, aus der zitiert wird oder aus der Zahlen stammen, die Sie in Ihrer Pressemitteilung aufführen.

Denken Sie immer daran, dass es Fakten sind, die ein Thema und damit eine Pressemitteilung spannend machen. Benennen Sie alle Inhalte und

**Tipp**
**Welche Fragen kommen auf?**

Wenn es Ihnen schwerfällt herauszukristallisieren, was unbedingt in Ihre Pressemitteilung hineingehört, erzählen Sie jemandem den Inhalt. Achten Sie darauf, welche Fragen Ihnen der andere stellt. Genau diese beantworten Sie dann in der Pressemitteilung.

sämtliche wichtigen Details deshalb so konkret wie nur möglich. „Das Unternehmen engagiert sich in Sachen Ausbildung" ist eine lahme Aussage. Deutlich spannender dagegen ist die Formulierung: „Das auf Umweltschutztechnologie spezialisierte Unternehmen XY bildet neun Hauptschulabsolventen im Bereich Solarenergie aus." Sie merken sicherlich, dass der zweite Satz eine kurze Geschichte erzählt. Erst die Details sorgen dafür, dass ein Thema einzigartig wird.

### Wie gehe ich bei einem Terminhinweis vor?

Wenn Sie möchten, dass eine Tageszeitung oder Zeitschrift die Ankündigung einer Veranstaltung abdruckt, gehen Sie genauso vor wie bei anderen Themen. Sie behandeln die Tatsache, dass die Veranstaltung stattfindet, als Nachricht und beantworten in der Pressemitteilung alle W-Fragen dazu. Außerdem ist der Hinweis wichtig, wie sich die Leser anmelden können und was die Teilnahme an der Veranstaltung kostet. Sinnvoll ist außerdem ein Begleitschreiben, mit dem Sie Pressevertreter ausdrücklich einladen. So wissen diese, dass sie kostenlos teilnehmen dürfen.

## Was ist beim Aufbau einer Pressemitteilung zu beachten?

Ganz generell gilt: Eine Pressemitteilung sollte nur einen Hauptaspekt (Nachrichtenfaktor) enthalten. Henri Nannen, „stern"-Chefredakteur von 1949 bis 1980, hat dafür das Bild des in Journalistenausbildungen häufig zitierten „Küchenzurufs" geprägt. Der funktioniert beispielsweise so: Ein Partner ist gerade in der Küche beschäftigt, der andere liest die Zeitung. Plötzlich ruft dieser empört in die Küche hinein: „Die in Berlin spinnen, jetzt erhöhen sie die Mehrwertsteuer um drei Prozent!" Ein solcher Küchenzuruf ist die Kernbotschaft einer Pressemitteilung in einem Satz. Auch wenn es Ihnen schwerfällt, eine solche Aussage zu finden, beschäftigen Sie sich ausführlich damit. Suchen Sie nach einem solchen Satz und beraten Sie sich eventuell mit anderen. Es ist nicht sinnvoll, mit dem Schreiben zu starten, bevor Sie nicht entschieden haben, was Ihre Kernaussage ist. Machen Sie sich bewusst, dass eine Pressemitteilung, die keine deutliche Struktur hat und dem Text keine vernünftige Orientierung gibt, nicht ankommt. Die Leser steigen frühzeitig aus und lesen gar nicht mehr bis zum Ende. Doch wie wollen Sie eine Struktur aufbauen, ohne den zentralen Inhalt zu kennen?

Sobald Sie den wichtigsten Aspekt gefunden haben, kann es mit dem Schreiben losgehen. Behalten Sie dabei im Hinterkopf, dass es eine journalistische Konvention ist, den zentralen Inhalt zu Beginn eines Textes zu nennen. Davon geht jeder, der in einer Redaktion Ihre Pressemitteilung liest, ganz selbstverständlich aus. Das hat mehrere Gründe: Aus Bleisatz-Zeiten stammt die Tradition, bei Kürzungen vom Schluss auszugehen, da sonst der gesamte Text noch einmal hätte gesetzt werden müssen. Davon unabhängig zeigen wissenschaftliche Untersuchungen, bei denen die Augenbewegungen der Probanden analysiert wurden, dass im Verlauf des Leseprozesses immer mehr Leser abspringen. Der letzte Absatz eines Artikels wird von sehr viel weniger Personen beachtet als die Überschrift. Das bedeutet: Das Wichtigste sollte am Anfang stehen, damit Sie zumindest damit alle Leser erreichen.

Kurz gefasst sollte der Aufbau einer Pressemitteilung insgesamt diesem Schema folgen:

1. Kerninformation
2. Zusatzinformation
3. Hintergrundinformation

Je nachdem, wie groß das Interesse an Ihrem Thema ist und wie viel Platz zur Verfügung steht, wird die Zusatz- oder Hintergrundinformation noch mit abgedruckt oder problemlos herausgekürzt, da die Kerninformation bereits alles Wesentliche über den Sachverhalt beinhaltet. Das heißt auch, dass nicht erst am Ende des Artikels eine Zusammenfassung folgt, sondern alle wichtigen Details direkt am Anfang berichtet werden.

Das bedeutet: Ein journalistischer Text entspricht in der Regel nicht der Chronologie der Ereignisse. Ausnahme von dieser Regel: Die Chronologie ist besonders wichtig, beispielsweise bei einem Skandal, bei dem es darum geht, wer wem wann Schwarzgeld übergeben hat und wer zu diesem Zeitpunkt bereits davon wissen konnte. Beachten Sie darüber hinaus die folgenden Punkte, wenn Sie sich mit dem Aufbau Ihrer Pressemitteilung auseinandersetzen.

### Presse-Info

Kennzeichnen Sie Ihre Pressemitteilung oberhalb der Überschrift deutlich mit dem Wort „Pressemitteilung" oder „Presse-Info". Damit weiß der Empfänger, dass es sich nicht um einen objektiven Text eines journalistischen

Mitarbeiters handelt, sondern dass er von jemandem geschickt wurde, der für sich PR machen möchte. Gleichzeitig wird damit signalisiert, dass keine Urheberrechte am Text geltend gemacht werden. Journalisten können den Text somit kostenlos verwenden und sogar unter ihrem eigenen Kürzel oder Namen veröffentlichen.

## Überschrift

Die sogenannte Headline will Aufmerksamkeit wecken, wie zum Beispiel die Formulierung „Wenn das Chi über den Rasen fließt" beim Thema „Garten". Denken Sie an die AIDA-Formel und überlegen Sie sich eine spannende, möglichst emotionale Formulierung, die die Journalisten neugierig macht. Sie sind Ihre ersten Leser. Wenn sie die Meldung gelangweilt wegwerfen, kommt sie nicht in die Zeitung und erreicht nicht die Menschen, die Sie ansprechen möchten.

Wolf Schneider und Detlef Esslinger definieren in ihrem Buch „Die Überschrift" (Berlin 2002) fünf Kriterien, die Überschriften journalistischer Texte – also sowohl von Nachrichten als auch Pressemitteilungen – erfüllen müssen:

- Die Überschrift muss eine klare Aussage haben.
- Diese Aussage sollte die zentrale Aussage des Textes sein.
- Sie darf den Text nicht verfälschen.
- Sie muss korrekt, leichtfasslich und unmissverständlich formuliert sein.
- Sie sollte einen Lese-Anreiz bieten.

**Tipp**
**Sollten Firmennamen genannt werden?**

Selbst wenn viele Fachzeitschriften es aus Wohlwollen gegenüber ihren Anzeigenkunden anders handhaben, ist in der Regel der Firmenname in einer Überschrift uninteressant – wenn nicht gerade ein Großunternehmen zehntausende von Mitarbeitern entlassen will.

Die Überschrift müssen Sie nicht als Erstes festlegen; am besten schreiben Sie zunächst den Text und suchen dann eine passende Überschrift. Es hilft allerdings, wenn Sie sich während des Schreibprozesses schon Stichworte für eine mögliche Überschrift notieren.

## Unterzeile

Die sogenannte Subline erklärt als Unterzeile die Überschrift, die alleine nicht unbedingt deutlich macht, um welches Thema es geht. Bei unserem gerade genannten Beispiel „Wenn das Chi über den Rasen fließt" könnte die Subline „Gartendesign nach Feng-Shui-Prinzipien" heißen.

## Einstieg

Ein „Lead-Satz" kann zum Thema hinführen, Interesse wecken und die Leser elegant in den Text ziehen. Für unser Beispiel wäre folgende Formulierung denkbar: „Chinesische Gestaltungsregeln tragen dazu bei, dass deutsche Hobbygärtner sich besser im eigenen Grün entspannen." Wenn Sie keinen passenden und guten Einstiegssatz finden, suchen Sie nicht krampfhaft danach. Beginnen Sie dann lieber den Text, indem Sie die Antwort auf die erste W-Frage geben.

## Kontaktdaten

Unbedingt sollte die Pressemitteilung Ihre kompletten Kontaktdaten enthalten. Die Journalisten wollen selbst entscheiden, ob sie lieber anrufen, eine E-Mail schreiben oder ein Fax schicken. Wenn Sie Ihre Postadresse angeben, wirkt das nicht nur seriös, sondern Sie machen es dem Empfänger auch leichter, etwa wenn er Sie zu einem Interview einladen möchte. Er erfährt gleich, wo genau Sie zu finden sind. Verschicken Sie die Pressemitteilung per Post, oder wollen Sie sie in Ihre Pressemappe legen, drucken Sie sie am besten auf Briefpapier mit Ihrem Logo aus, das wirkt seriös und trägt so zu Ihrer Glaubwürdigkeit bei.

## Ist ein Anschreiben nötig?

Im Prinzip brauchen Sie beim Post- und Faxversand von Pressemitteilungen kein gesondertes Anschreiben beizulegen. Es schadet aber auch nicht, solange es nicht die gesamten Inhalte der Pressemitteilung wiederholt. Ein Brief mit einem kurzen Hinweis auf die Pressemitteilung und einem persönlichen Gruß sowie den Kontaktdaten für weitere Fragen reicht völlig aus.

## Zur sprachlichen Gestaltung der Pressemitteilung

Je stärker Sie sich mit der Sprache Ihrer Nachricht an die der Journalisten annähern, desto eher wird Ihre Botschaft verstanden – und umso wahrscheinlicher wird etwas über Sie veröffentlicht. Journalisten schätzen es, wenn sie nicht zusätzlich Energie und Zeit aufwenden müssen, um einen Text umzuformulieren.

### Benutzen Sie kurze Sätze

Maximal 17 Wörter in einem Satz gelten als eine Länge, die Leser gut verkraften können. Sätze in Artikeln von Nachrichtenagenturen haben durchschnittlich 16 Wörter pro Satz, in Thomas Manns Romanen sind es auch schon einmal 30. Die meisten ungeübten, aber auch viele geübte Schreiber bilden viel zu lange Sätze. Das kostet die Leser unnötig Konzentration und Energie, sie steigen eher aus. Dabei gibt es eine ganz einfache Methode, kürzere Sätze zu bilden: Machen Sie einfach zwischendurch einen Punkt. Sie werden feststellen, dass sehr oft schon zwei vollständige Sätze auf dem Papier stehen.

### Verwenden Sie Hauptsätze

Bilden Sie statt Schachtelsätzen lieber Hauptsätze, auch das dient der besseren Verständlichkeit. Inhalte können so leichter aufgenommen werden.

### Formulieren Sie mit aktiven Verben

Aktive Verben machen Sätze lebendig, während Kombinationen mit passiven Verben meist langweilig und bürokratisch klingen. Achtung: Passive Formulierungen verschleiern oft, wer die Akteure sind. Beim Umformulieren in aktive Sprache kann das zusätzliche Recherche bedeuten. Wer genau tut etwas oder hat etwas getan? Wie heißt die handelnde Person, die Institution genau? Die neue Formulierung wird nicht nur besser klingen, sondern der Satz bekommt auch mehr Gehalt.

### Beachten Sie journalistische Konventionen

Indem Sie journalistische Konventionen beachten, erhöhen Sie die Glaubwürdigkeit des Inhalts. Und Sie stellen sich als jemanden dar, dem journalistische Formulierungsprinzipien vertraut sind. Den Journalisten ersparen Sie darüber hinaus Redigierarbeit.

## Abkürzungen vermeiden

Alles, was den Lesefluss behindert, vermeiden Journalisten. Bei Abkürzungen müssen die Leser überlegen, wofür sie stehen – das bedeutet ein Stocken des Leseflusses.

„7 %" wird zu „sieben Prozent".

„Mio." wird zu „Millionen".

„km" wird zu „Kilometer".

„z. B." wird zu „zum Beispiel" oder „etwa".

## Berufe und Titel

Auch Berufsbezeichnungen werden aus diesem Grund ausgeschrieben. Es heißt nicht „Soz.-Päd. Georg Winter", sondern „Sozialpädagoge Georg Winter". Aus „Prof. Dr. Hintz" wird „Professorin Sabine Hintz". Akademische Titel werden allerdings nur dann genannt, wenn der Expertenstatus der betreffenden Person für die Geschichte von Bedeutung ist.

## Zahlen

Auch bei Zahlen gilt das Prinzip der besten Lesbarkeit. Niedrige Zahlen, in der Regel die von eins bis zwölf, werden deshalb ausgeschrieben. Zudem werden höhere Zahlen auf- oder abgerundet. Es heißt nicht „das Unternehmen mit 257 Mitarbeitern", sondern „das Unternehmen mit rund 250 Mitarbeitern".

Beachten Sie auch, dass ein journalistischer Text keine Rechnung ist. Nennen Sie möglichst runde Beträge und die Währung.

„Euro 170,-" wird zu „170 Euro".

„Euro 174,50,-" wird zu „rund 175 Euro".

## Werden Sie so konkret wie möglich

Journalistische Texte werden anschaulich und reizen zum Lesen, wenn vor dem geistigen Auge der Leser Bilder entstehen. Ein wichtiges Mittel dafür sind möglichst viele Details und Beispiele. Denken Sie immer daran, dass Ihre Pressemitteilung von Fakten lebt. Das fängt bereits im Kleinen an.

## Namen

Zu einem Familiennamen gehört ein Vorname, um eine bestimmte Person eindeutig identifizieren zu können.

„Frau Rauch" wird zu „Barbara Rauch". „Herr Schütz" wird zu Martin Schütz".

### Wer oder was? – „u. a.", „etc."

Diese Abkürzungen vermitteln vage, dass es wohl noch mehr gibt als das Erwähnte – aber was? Da Sie damit keine Informationen vermitteln, streichen Sie sie besser. Oder Sie erklären konkret, was sich hinter dem „u. a." tatsächlich verbirgt.

### Namen nennen – „sie", „wir", „unser"

Nennen Sie immer die Namen von erwähnten Personen, sonst ist nicht klar, um wen es sich jeweils handelt. Denken Sie auch daran, dass eine Pressemitteilung – bis auf einzelne Zitate – durchgehend in der dritten Person geschrieben wird. Schließlich soll sie bestenfalls eins zu eins in die Zeitung übernommen werden können.

### Namen/Funktionen nennen – „man"

Wer ist „man"? Teilen Sie den Lesern immer vollständige Namen und Funktionen mit, sonst wirkt die Angabe zu allgemein und eventuell sogar unglaubwürdig. Zudem müssten die Journalisten sonst nachrecherchieren, um wen es sich handelt. Ersparen Sie ihnen diese zusätzliche Arbeit.

### „Heute" – „Montag"/„Dienstag" – „1. Februar 2007" – „Dienstag, 1. Februar 2007"

Wenn Sie nur „heute" schreiben oder einen Wochentag nennen, ist nicht eindeutig, um welches Datum es sich handelt. Deshalb geben Sie bitte explizit an, um welchen Termin es geht. Bei Veranstaltungsankündigungen ist es hilfreich, wenn Sie zusätzlich den Wochentag angeben.

Sicher macht es mehr Arbeit, Details zu nennen, und Sie sind gezwungen, genauer zu recherchieren. Es kann gut sein, dass Sie noch einmal genau nachforschen oder einen Kooperationspartner ein weiteres Mal anrufen müssen. Doch abgesehen davon, dass durch Ihre gründliche Vorbereitung ein besserer Text entsteht, der in den Redaktionen stärker beachtet wird, ersparen Sie den Journalisten zeitraubende und unnötige Rückfragen.

### Formulieren Sie geschlechtsneutral

Viele Frauen identifizieren sich heute nicht mehr automatisch mit der männlichen Form Singular, wenn sie ausdrücklich angesprochen werden sollen. Eine Patentlösung gibt es nicht. Wie genau vorzugehen ist, bleibt ein schwieriges Thema, gute Lösungen sind rar. Ihre Möglichkeiten:

„Der Kunde" wird zu „die Kunden".
„Der Kunde" wird zu „Kundinnen und Kunden".
„Der Kunde" wird zu „der Kunde oder die Kundin".
„Der Kunde" wird zu „die KundIn" (mit großem Binnen-I).

Die eine oder andere Formulierung kann übertrieben oder umständlich wirken. Entscheiden Sie danach, was zu Ihrem Stil passt. Den Hinweis, dass mit der Ansprache in der männlichen Form weibliche Leser automatisch mitgemeint sind, finden wir nicht mehr zeitgemäß und sehr ärgerlich. Machen Sie sich über Ihre Vorgehensweise Gedanken: Wenn Sie einfach nur die männliche Form benutzen, werden Sie nicht mehr alle Ihre Kundinnen erreichen. Bedenken Sie außerdem, dass sich unter den Journalisten ein hoher Anteil an Journalistinnen befindet.

## Die Aufmachung Ihrer Pressemitteilung

Sie wollen Ihre Pressemitteilung per Post oder Fax verschicken oder für Ihre Pressemappe ausdrucken? Dann beachten Sie am besten die folgenden Hinweise für die Gestaltung.

### Bedrucken Sie Papier nur einseitig

Journalisten haben meist sehr viel Material, aus dem sie auswählen, und Berge von Unterlagen um sich herum ausgebreitet, wenn sie an einem Beitrag schreiben. Dabei immer wieder Blätter umdrehen zu müssen, um zu sehen, ob sich die wichtige Information auf der Rückseite versteckt, ist lästig.

### Verwenden Sie einen eineinhalbzeiligen Abstand

Bei einem einzeiligen Abstand sind Texte schlechter lesbar. Machen Sie es dem Empfänger leichter und wählen Sie den eineinhalbzeiligen Abstand.

### Fügen Sie Absätze ein

Auch Profis schreiben Ihren Text erst einmal herunter, verfassen zu lange Sätze und fügen fast nie Absätze ein. Dabei sind Absätze ein wunderbares Mittel, um den Text zu gliedern und ihn lesefreundlicher zu gestalten. Nutzen Sie diese Möglichkeit, um Ihre Pressemitteilung zu strukturieren. Zwischen den Absätzen sollten Sie einen Abstand – beispielsweise eine Leerzeile – einfügen.

## Etwa 40 bis 50 Anschläge pro Zeile reichen

Ihr Text sollte nicht über die gesamte Breite des Papiers reichen. Richten Sie außerdem die Seite linksbündig ein, bei Blocksatz ermüden die Augen schneller. Kürzere Zeilen sind lesefreundlicher, und Ihren Adressaten, den Journalisten, bleibt rechts ein ausreichend großer Rand, um sich Anmerkungen oder Fragen zu notieren.

## Schreiben Sie maximal zwei Seiten

Auch wenn Ihr Thema spannend ist, inklusive Adresszeilen, Logo und Kontaktadressen von Ansprechpartnern sollte Ihre Pressemitteilung in aller Regel nicht länger als zwei Seiten sein. Schließlich sollen die Journalisten schnell verstehen, worum es geht. Wer mehr Information braucht, wird sich bei Interesse sicher bei Ihnen melden.

## Achten Sie auf eine gute Optik

Die Chance, dass Ihre Pressemitteilung abgedruckt wird, erhöht sich deutlich, wenn Sie ein gutes Foto oder eine Grafik mitliefern – oder am besten gleich beides, wenn Ihr Thema das hergibt. Visualisieren Sie Inhalte und überlegen Sie, was bildlich für Ihr Thema stehen könnte. Drei Honoratioren, die bei einer Veranstaltung nebeneinander stehen und in die Kamera lächeln, sind als Bild ebenso wenig spannend wie Menschen vor Computern oder am Schreibtisch.

Überlegen Sie außerdem, welche „Action"-Fotos stattdessen möglich wären. Machen Sie dazu ein Brainstorming mit Freunden und Bekannten. Wichtig ist, dass auf dem Foto eine spannende Handlung oder interessante Umgebung zu sehen ist. Nicht jeder arbeitet als selbständiger Trainer mit Gruppen im Hochseilgarten oder wandert als Reiseleiter durch Weinberge, doch mit ein bisschen Nachdenken fällt Ihnen vielleicht auch für Ihr Unternehmen ein Bild ein, das stärker anspricht als typische Portraits.

Kommen Sie mit Ihren Überlegungen nicht weiter, weil Sie beispielsweise selbständig die Buchhaltung für kleinere Firmen übernommen haben und Ihnen dazu partout keine spektakuläre Handlung einfällt? Dann überlegen Sie, wie sich Ihre Tätigkeit symbolisch illustrieren lässt. Vielleicht mit Bergen von Münzen, die Sie zählen? Natürlich ist mit einem solchen Motiv organisatorischer und finanzieller Aufwand verbunden, doch er lohnt sich. Hier noch einige Beispiele, die Ihren Gedanken auf die Sprünge helfen können: Wenn Sie als professionelle Aufräumerin tätig sind, bietet sich das Bild eines überquellenden Schreibtischs an. Und als Rechtsanwältin könnten Sie einen Stapel Gesetzeskommentare neben sich aufbauen.

Denken Sie bereits beim Planen Ihrer Pressemitteilung über Fotos nach. Manchmal braucht es eine Weile, bis sich die richtige Idee einstellt. Vielleicht finden Sie auch bei Ihren Kunden spannende Fotomotive? Beziehen Sie sie durchaus ein, eine Presseveröffentlichung ist schließlich auch PR für sie. Alternativ zu Fotos oder zusätzlich bieten sich auch Grafiken an, um Inhalte zu illustrieren. Überprüfen Sie also Ihre Story daraufhin, welche Sachverhalte sich gut tabellarisch oder schematisch darstellen lassen.

### Tipp
### Lesen Sie sorgfältig Korrektur

Egal ob Sie Ihre Pressemitteilung per Post oder elektronisch versenden, lesen Sie sie auf Papier sorgfältig Korrektur. Geben Sie sie außerdem noch einer anderen Person zur Prüfung. Die eigenen Texte kennt man als Verfasser irgendwann zu gut, sodass man die Fehler nicht mehr sieht. Bedenken Sie, dass Tippfehler, Grammatikfehler oder eine chaotische Struktur der Pressemitteilung wenig professionell wirken und Ihre Glaubwürdigkeit gefährden.

So heißt es im Journalismus beispielsweise „Namen sind Nachrichten" – sie müssen unbedingt richtig geschrieben sein. Das kann doch nicht so schwer sein, sagen Sie vielleicht. Doch in vielen Anschreiben an die Presse ist mal der Vorname des Empfängers falsch geschrieben, mal der Nachname, manchmal auch die Bezeichnung des Mediums. Das spricht nicht gerade für sorgfältiges Arbeiten und gute Recherche. Und peinlicherweise fallen solche Fehler auch gleich auf. Journalisten ziehen in solchen Fällen oft den Schluss, dass die Inhalte einer Pressemitteilung vielleicht genauso wenig richtig sind wie die Namensschreibweise. Es lohnt sich also, diese lieber einmal zu oft als zu selten zu kontrollieren.

### Sorgen Sie für Glaubwürdigkeit

Wir haben es an anderer Stelle bereits erwähnt, doch man kann es nicht oft genug sagen: Das wichtigste journalistische Kriterium ist, dass wahr ist, was berichtet wird. Natürlich möchte sich jeder möglichst gut darstellen, und Sie müssen auch nicht auf Fehltritte oder Misserfolge hinweisen. Sie dürfen aber auf gar keinen Fall falsche Tatsachen oder Zahlen einsetzen, um das Interesse von Journalisten zu wecken. Damit hätten Sie Ihre Glaubwürdigkeit gegenüber der Presse ein für alle Mal verspielt. Versuchen Sie herauszufinden, was an Ihrem Unternehmen und Ihrer Arbeit interessant für Außenstehende ist, aber erfinden Sie nichts.

## Was tun bei Schreibblockaden?

Schreiben ist selbst für viele Profis ein schwieriges Geschäft. Machen Sie sich deshalb nicht verrückt, wenn Sie einmal länger auf den leeren Bildschirm starren, ohne dass Ihnen etwas einfällt. Dann ist es sinnvoll, einfach einmal ein paar Stichworte aufzuschreiben und die W-Fragen zu beantworten. In einem weiteren Arbeitsschritt können Sie daraus einen durchgehenden Text formulieren. Anschließend lesen Sie ihn Korrektur und verbessern ihn noch einmal. Setzen Sie sich nicht damit unter Druck, dass der Text perfekt sein muss. Erstellen Sie eine Pressemitteilung, die möglichst gut verständlich ist. Sie werden sehen, dass Sie mit der Zeit immer geübter werden und Ihnen das Schreiben leichter von der Hand geht.

Vielleicht hilft es Ihnen auch, Schlüsselbegriffe bei der Google-Bildersuche einzugeben und sich von den Bildern anregen zu lassen. Beschreiben Sie, was Sie sehen, damit Sie in Schreibstimmung kommen. Eine weitere Möglichkeit besteht darin, Zitate und Aphorismen zum Thema zu suchen und sich davon inspirieren zu lassen. Oder Sie erzählen den Inhalt Ihrer Pressemitteilung einer anderen Person oder lassen sich dazu von ihr interviewen. Ihr Gesprächspartner schreibt dann Stichworte mit, die Sie später abtippen können – so entsteht ein Gerüst für die Pressemitteilung. Vielleicht hilft es Ihnen, künstlich Zeitdruck aufzubauen: Bitten Sie jemanden, Ihre fertige Pressemitteilung Korrektur zu lesen, und vereinbaren Sie dafür einen festen Abgabetermin. Selbst wenn Sie nicht fertig werden und nur einen Entwurf zustande bringen – geben Sie ihn Ihrer Vertrauensperson trotzdem zum Gegencheck.

In unseren Pressearbeits-Workshops, in die Teilnehmer ihre Pressemitteilung zur Besprechung mitbringen können, zeigt sich immer wieder, wie hilfreich es ist, Entwürfe mit anderen zu besprechen und gemeinsam weiterführende Ideen zu entwickeln. Bedenken Sie, dass alle Versuche, einen inhaltlich stimmigen Text zu produzieren, Ihnen helfen werden. Sogar wenn Sie mit anderen Gründern oder Bekannten einfach nur über Ihr Thema sprechen, wird dies dazu beitragen, dass Sie Ihre Nachricht anschließend schlüssiger formulieren können. Setzen Sie sich nicht unter Erfolgsdruck, sondern machen Sie sich auf den Weg. Als kleiner Trost: Viele Journalisten und Buchautoren leiden unter Schreibblockaden. Dann lenken sie sich mit anderer Arbeit ab, plaudern mit der Kollegin in der Kaffeeküche oder machen sogar Abrechnungen, nur um nicht an dem Text arbeiten zu müssen. Das tun sie, bis der Zeitdruck so groß ist, dass sie die Schreibblockade überwinden müssen. Denn plötzlich geht es nur noch darum, einen Text termingerecht fertigzustellen – und nicht mehr darum, ihn perfekt zu formulieren.

## Die richtige Ausstattung für Ihre Pressemappe

Was genau ist eigentlich eine Pressemappe? Sie besteht schlicht aus einer Mappe, meist aus Plastik oder Pappe, in der sich Ihre Pressemitteilung sowie weitere Informationen über Sie und Ihr Unternehmen befinden. Auch wenn Sie nicht planen, demnächst eine größere Pressekonferenz zu veranstalten, ist es nützlich, sich eine Pressemappe zusammenzustellen, um sie bei Bedarf vorrätig zu haben. Sie können sie Journalisten nach einem ersten telefonischen Kontakt zusammen mit Ihrer Pressemitteilung zuschicken. Aber bitte fragen Sie vorher, ob Ihr Gesprächspartner daran Interesse hat. Ist er einverstanden, brauchen Sie nur noch die Adresse auf den Umschlag zu schreiben und die Mappe ist am nächsten Tag in der Redaktion. Ihr Gesprächspartner wird sich nach so kurzer Zeit noch gut an Sie erinnern können.

Auch wenn ein/e Journalist/in mit Ihnen einen telefonischen Interview-Termin vereinbart, können Sie vorschlagen, dass Sie ihm oder ihr zur Information vorab Ihre Pressemappe schicken. Wenn Sie Veranstaltungen wie Messen, Vorträge oder Netzwerktermine besuchen, wo Sie auch Journalisten treffen könnten, nehmen Sie für alle Fälle ein paar Mappen mit. Sie können sie dann persönlich überreichen, wenn sich die Gelegenheit ergibt – aber ohne sie Ihrem Gegenüber aufzunötigen. Und natürlich nehmen Sie Ihre Pressemappe auch zu einem Redaktionsbesuch beziehungsweise zu persönlichen Treffen mit Journalisten mit.

Auch wenn Sie, wie in Kapitel 7 beschrieben, im Internet einen eigenen Pressebereich eingerichtet haben, der ähnliche Informationen enthält, sollten Sie auf eine Pressemappe nicht verzichten, denn Ihre Gesprächspartner werden oft nicht die Zeit haben, im Internet zu suchen. Die gedruckte Version können sie hingegen ohne weiteren Aufwand schnell durchblättern, zum Beispiel auf dem Weg zum nächsten Termin.

## Einzelne Module

Bauen Sie Ihre Pressemappe nach dem Modul-Prinzip auf. So können Sie sie je nach Gelegenheit unterschiedlich bestücken. Ein Grundsatz dabei gilt immer: „Weniger ist mehr." Fragen Sie sich bei der Erstellung Ihrer Pressemitteilung selbstkritisch, ob das, was Sie in die Mappe geben wollen, wirklich Informationsgehalt hat. Handelt es sich um Fakten, die den Journalisten bei ihrer Arbeit helfen? Wer es sich leisten kann, eine Mappe zu verteilen, in die das eigene Firmenlogo eingeprägt ist und die 50 Seiten Papier sowie eine CD beinhaltet, beeindruckt an sich noch niemanden – erst der Inhalt macht die Sache interessant.

Natürlich werden Journalisten bei einem Weltkonzern eine Mappe erwarten, die in ihrer farblichen Gestaltung und dem grafischen Design der Corporate Identity des Gesamtunternehmens entspricht. An Sie als Gründer, Selbständige oder engagierte Vereinsmitglieder werden diese Ansprüche allerdings nicht gestellt. Denken Sie also zunächst über die Inhalte nach und erst im zweiten Schritt über die Verpackung, die auch eine einfache Klarsichthülle sein kann. Häufig wird in Redaktionen die Mappe selbst weggeworfen, nur die Infos landen in Hängeregistern oder werden anderweitig abgelegt.

## Was gehört in die Pressemappe?

Die folgenden Ausführungen helfen Ihnen dabei, den Inhalt Ihrer Mappe zusammenzustellen. Wie bei der Pressemitteilung gilt auch hier: Bedrucken Sie Papier immer nur einseitig.

## Pressemitteilung(en)

Auf jeden Fall gehört Ihre jüngste Pressemitteilung in die Mappe. In Ausnahmefällen können Sie auch ein oder zwei ältere Meldungen beilegen – aber nur, wenn die Inhalte noch aktuell sind und Hintergrundinformation für die jüngste Pressemitteilung bieten.

## Fotos oder eine Liste möglicher Motive

Legen Sie Ausdrucke von Fotos bei, die Journalisten kostenlos zur Illustration des Themas verwenden können. Wenn Sie schon eine Homepage mit entsprechenden Links eingerichtet haben, geben Sie diese als Quelle an. Im Pressebereich können sich die Journalisten die Bilder dann nach Bedarf herunterladen. Viele Agenturen legen der Pressemappe CDs bei – das mag für manche Kollegen hilfreich sein, ist aber dann verschenkt, wenn die Meldung nicht verwendet wird. Auch wer eine CD versendet, sollte die Bilder ausgedruckt beilegen, damit der Empfänger die Auswahl nicht erst am Computer anschauen muss.

Falls Sie noch keine Fotos zur Verfügung haben, erstellen Sie auf jeden Fall eine Liste möglicher Motive, die zu Ihren Inhalten passen. Vielleicht ist Ihr Thema für die Redaktion so spannend, dass sie auf eigene Kosten einen Fotografen zu Ihnen schickt. Oder Sie können anhand der Liste besprechen, welches Foto Sie doch in Eigenregie produzieren und der Redaktion möglichst schnell zusenden. In der Regel sind heute Farbfotos üblich, Schwarzweißfotos sollten Sie nur nach Absprache mit dem Empfänger zur Verfügung stellen.

**Gut zu wissen**

**Welche Informationen sollten auf der Rückseite eines Fotos stehen?**

Kennzeichnen Sie Ihre Fotos mit dem Hinweis „Abdruck honorarfrei". Voraussetzung ist, dass Sie mit dem Fotografen die Weitergabe an Redaktionen vereinbart und die Nutzung bereits mit dem Honorar abgegolten haben. Oder das Foto stammt von Ihnen selbst oder einem Familienmitglied, dann fällt gar kein Honorar an. Vermerken Sie auf der Rückseite des Fotos oder in der Beschreibung der Datei folgende Informationen: Bei Personen nennen Sie Vor- und Nachnamen sowie die Funktion. Erläutern Sie kurz, was genau das Bild zeigt. Und auch, wenn Sie bei honorarfreien Fotos nicht dazu verpflichtet sind, freuen sich die meisten Fotografen darüber, wenn ihr Name genannt wird. Geben Sie zudem Ihre Kontaktdaten an, falls Fragen entstehen.

### Grafiken

Anstelle von Fotos oder als Ergänzung dazu eignen sich Grafiken sehr gut, um den Leseanreiz zu erhöhen. Es ist von Vorteil, wenn Sie, sofern das zum Thema passt, den Redaktionen von vornherein Grafiken anbieten. Auch diese sollten ausgedruckt beiliegen und über einen Link auf Ihrer Homepage herunterzuladen sein.

**Factsheet**

Ein Factsheet ist eine DIN-A4-Seite mit Daten und Fakten, die für Ihr Unternehmen wichtig sind. Den Rahmen einer Pressemitteilung würde eine solche Aufzählung sprengen, dennoch kann es sein, dass Journalisten gern das eine oder andere Detail aus dem Factsheet in ihren Bericht einfügen wollen. Die folgenden Fragen können Ihnen helfen, ein solches Datenblatt zu Ihrem Unternehmen zu erstellen:

- Wie heißt das Unternehmen genau?
- Welche Rechtsform hat es?
- Wer ist Besitzer oder Mehrheitseigner?
- Welche Produkte oder Leistungen werden angeboten?
- Welche Vertriebswege werden genutzt?
- Wer sind Ihre Kunden beziehungsweise Zielgruppen?
- Wie viele Mitarbeiter gibt es?
- Wie viele Niederlassungen und Standorte hat das Unternehmen?
- Seit wann gibt es das Unternehmen?
- Wie ist die Geschäftsentwicklung der letzten Jahre verlaufen?
- Wie ist es um die Marktposition und um den Stellenwert innerhalb der Branche bestellt?

Beachten Sie bitte, dass es von Ihrer Tätigkeit und von Ihrem Unternehmen abhängt, welche Daten für ein Factsheet sinnvoll sind. Wenn Sie zum Beispiel freie Autorin oder freier Autor sind, kann bei der Vorstellung Ihres neuesten Buches auch Ihr Lebenslauf als Factsheet infrage kommen. Hinzufügen können Sie dann noch eine Aufzählung sämtlicher bisher von Ihnen veröffentlichten Titel.

**Adresslisten/Profile von Gesprächspartnern**

Journalisten brauchen viel Futter für ihre Berichterstattung. Interessant für sie sind sowohl Informationen als auch mögliche Gesprächspartner. Machen Sie es den Journalisten leicht, sich für Ihr Thema zu interessieren. Sie könnten etwa als Gartengestalterin eine Adressliste mit Kunden ausgefallener Gärten beilegen. Klären Sie vorher ab, ob diese bereit sind, Interviews zu geben und sich in ihren Gärten fotografieren zu lassen. Die Redaktionen haben dann die Chance, ohne zeitraubende Zwischenschritte Kontakt zu den Gartenbesitzern aufzunehmen, um Interview- und Fototermine zu vereinbaren.

Auch in der folgenden Situation können Sie durch Kontakte schneller Interesse wecken: Stellen Sie sich vor, in Ihrer Unternehmensberatung ist eine Frau mit 29 Jahren Partnerin geworden, eine andere Mitarbeiterin hat vollkommen flexible Arbeitszeiten und eine dritte Frau ist nach fünf Jahren als Fulltime-Mutter wieder erfolgreich an ihren Fulltime-Arbeitsplatz zurückgekehrt. In einer solchen Situation könnten Sie Ihre Mitarbeiterinnen fragen, ob sie zu Interviews bereit sind, und deren Profile mit allen notwendigen Kontaktdaten in die Mappe legen. Vielleicht recherchiert eine Journalistin gerade zum Thema „Vereinbarkeit von Familie und Beruf", und bei ihr passt eine der Frauen ins Konzept. Sofort hat sie eine Interviewpartnerin und muss nicht weiter nach Betroffenen suchen, mit deren Geschichte sie ihren Artikel personalisieren kann. Und schon sind Sie mit Ihrem Unternehmen in der Presse. Erstaunlicherweise werden solche Möglichkeiten bisher kaum wahrgenommen. Sicherlich macht auch hier die Vorbereitung zusätzliche Mühe, ein solches Vorgehen hat aber oftmals den viel größeren Effekt.

### Flyer, Imagebroschüre

Ein Flyer oder eine Imagebroschüre gehören ebenfalls mit in Ihre Pressemappe, falls Sie über ein solches Werbemittel verfügen. Zum einen finden Journalisten darin Hintergrundinfos, und zum anderen ist es für die Empfänger interessant zu sehen, auf welche Weise Sie sich und Ihr Unternehmen präsentieren.

Auch wenn Sie als Heilpraktiker/in, Therapeut/in oder Yogalehrer/in arbeiten, sollten Sie zumindest ein Minimum an Aufwand für einen Flyer auf sich nehmen. Machen Sie sich bewusst, dass das dreimal gefaltete, wahlweise rote, gelbe oder grüne DIN-A4-Blatt mit schwarzer Schrift und schlechter grafischer Aufteilung des Textes selbst bei kleinem Budget nicht mehr zeitgemäß ist und wenig professionell wirkt. Grafikern leuchtet meist ein, dass Sie keinen Weltkonzern vertreten. Viele bieten daher angemessene Preise speziell für Gründer an, die abhängig vom Aufwand einige hundert Euro ausmachen.

### Eventuell Jahresbericht oder Ähnliches

Wenn Sie schon seit längerer Zeit selbständig oder Unternehmer/in sind, geben Sie vielleicht einen Jahresbericht heraus. Dieser könnte als ein weiteres Modul für Ihre Pressemappe geeignet sein. Überlegen Sie aber, ob dieser Bericht auch tatsächlich für Journalisten spannende Informationen bereithält. Auf eine besonders papierschwere, inhaltlich aber leichte Pressemappe legen Journalisten ganz sicher keinen Wert. Seien Sie daher selbstkritisch und fragen Sie sich, ob der Bericht im Rahmen Ihrer Story überhaupt von Interesse ist.

Vielleicht haben Sie ja auch eine interessante Befragung durchgeführt? Wenn Sie mit Informationen daraus Ihr Thema unterstützen, legen Sie diese ruhig auch bei.

## Pressespiegel

Einerseits wollen Journalisten gern einen Scoop, eine exklusive Nachricht, veröffentlichen, andererseits sind sie Herdentiere. Es ist deshalb für sie spannend, was und wie Kollegen bereits über Sie berichtet haben. Außerdem erleichtert es natürlich die eigene Recherche, wenn es schon ein bisschen Material zum Einlesen gibt. Legen Sie deshalb Kopien von bereits erschienenen Artikeln sowie eine Liste, bei welchen Radio- und TV-Sendungen Sie als Studiogast oder als Teilnehmer bei einem Interview vertreten waren, bei.

Dabei ist zu beachten, dass Sie für die Vervielfältigung eine Erlaubnis brauchen. Die veröffentlichten Artikel und Beiträge unterliegen dem Copyright der Autoren und der jeweiligen Verlage oder Sender (siehe dazu auch Seite 132 und Kapitel 9).

Natürlich zeigen Sie mit den bereits veröffentlichten Berichten, dass Sie und Ihr Thema nicht völlig neu sind. Andererseits sind Journalisten auf diese Information angewiesen, da sie ansonsten vielleicht viel Arbeit in ein nur vermeintlich neues Thema investieren – was dann zu großer Verärgerung führen würde. Deshalb ist es besser, von Anfang an mit offenen Karten zu spielen.

## Visitenkarte

Legen Sie auf jeden Fall auch Ihre Visitenkarte zur Pressemappe. Diese können die Journalisten dann nach ihrem jeweiligen System ablegen, selbst wenn sie sich vielleicht schon bald wieder von Ihrer Mappe trennen. Die etwas kostspieligeren Mappen haben einen Schlitz, in den die Visitenkarte gesteckt wird. Das sieht gut aus und ist eine praktische Sache, weil die Karte nicht verrutscht. Sie können sie natürlich genauso gut einfach beilegen, wenn Sie die Mappe versenden.

**Ihre Pressemappe auf einen Blick**

- ☐ Pressemitteilung(en)
- ☐ Fotos oder Liste möglicher Foto-Motive
- ☐ Grafiken
- ☐ Factsheet
- ☐ Adressliste
- ☐ Flyer, Imagebroschüre
- ☐ Eventuell Jahresbericht oder Ähnliches
- ☐ Pressespiegel
- ☐ Visitenkarte

## Beispiele für erfolgreiche Pressemitteilungen

Oft fragen Teilnehmer unserer Workshops „Effektive Pressearbeit für Gründer und Selbständige" nach Mustern von besonders guten Pressemitteilungen. Dies ist sicher auch Ihr Wunsch, da es hilfreich ist, gelungene Beispiele anzuschauen. Wir stellen Ihnen daher erfolgreiche Pressemitteilungen vor – auch von unseren Teilnehmern. Erfolgreich deshalb, weil sie von den Medien veröffentlicht wurden.

Machen Sie sich aber bewusst, dass es nicht darum geht, am Reißbrett die perfekte Mitteilung zu erstellen, sondern darum, die praktischen Regeln, die Sie bisher kennengelernt haben, anzuwenden. Ihre Pressemitteilung soll also nicht genauso aussehen wie die Muster, sondern wir wollen Sie damit motivieren, gut vorbereitet loszulegen – eben so wie es diese Gründer auch getan haben.

Sie sehen an der Auswahl unserer Beispiele zwei Dinge, die für Pressearbeit ganz typisch sind: Erstens bieten Veranstaltungshinweise eine gute Chance, um sich selbst oder das eigene Unternehmen in die Presse zu bringen. Und zweitens wird Pressearbeit häufiger von Frauen als von Männern gemacht. Wir möchten noch darauf hinweisen, dass wir Angaben in den Pressemitteilungen zum Teil anonymisiert haben. Die Texte an sich sind hingegen unverändert geblieben.

Die folgende Pressemitteilung verfasste Daniela Dollinger kurz nach der Gründung ihres Unternehmens.

| | |
|---|---|
| Team-Factory | Tel: +49 (0) 89 xxx-xxxxx |
| Daniela Dollinger | Fax: +49 (0) 89 xxx-xxxxx |
| Friedensstraße 36 | Mail: info@team-factory.com |
| 85622 Feldkirchen | Web. www.team-factory.com |

**Pressemitteilung**

## Mitarbeiter-Engagement: Team-Factory unterstützt mit neuer Methode

München, xx.xx.xxxx. Engagierte Mitarbeiter leisten einen positiven Beitrag zum Unternehmenserfolg. Genau an diesem Punkt knüpft Daniela Dollinger, ehemalige SAP Managementberaterin, mit ihrer 200x gegründeten Unternehmensberatung Team-Factory an. Sie hat eine neue Methode entwickelt, die sie erfolgreich anwendet. Ihr Fazit: Viele Unternehmen schöpfen das vorhandene Potenzial ihrer Mitarbeiter bei weitem nicht aus. Mit zielgerichteten Maßnahmen können Leistungsbarrieren beseitigt werden.

Die Vorgehensweise von Team-Factory ist einfach und pragmatisch: Zuerst wird eine anonyme Befragung des Teams durchgeführt und ein so genannter Team-Index ermittelt. Die Kernfrage dabei ist „Wo stehen wir?". Beim Maximalwert von 100 Prozent läuft alles perfekt, die Leistung im Team ist nicht zu verbessern. Die Mitarbeiter kennen den Sinn ihrer Aufgabe, sind mit den entsprechenden Hilfsmitteln ausgestattet und die Kommunikation im Team läuft wie am Schnürchen. Alle Mitglieder im Team vertrauen sich gegenseitig, sind informiert und motiviert.

Bisherige Analysen von Team-Factory zeigen allerdings, dass sich der Team-Index in den meisten Unternehmen zwischen 60 und 70 Prozent bewegt. Die Mitarbeiter fühlen sich blockiert und können nicht ihre volle Leistung einbringen. Als häufigste Leistungsbarrieren werden genannt: „Träge Entscheidungsprozesse des Managements" und „Die Ziele und die Strategien sind nicht bekannt oder nicht nachvollziehbar".

Im zweiten Schritt werden die wichtigsten Handlungsfelder und Vorschläge für notwendige Maßnahmen erarbeitet. Die Kernfrage hierbei ist „Wie können wir uns verbessern?". Dieses Vorgehen hat einen erheblichen Mehrwert, denn mit der Einbindung der Mitarbeiter werden die Betroffenen zu Beteiligten gemacht. Die später durchgeführten Maßnahmen zur Verbesserung der Leistung im Team und damit des Team-Indexes werden von den Mitarbeitern akzeptiert und aktiv unterstützt.

Abhängig von den Ergebnissen werden zum Beispiel Strategieworkshops aufgesetzt, Arbeitsgruppen zum innerbetrieblichen Austausch von Fachthemen gegründet, Prozesse für Probleme bzw. Eskalationen definiert oder ein externer Trainer involviert. Dies kann bei Konflikten oder bei Schwierigkeiten der Kommunikation hilfreich sein.

Vor ihrer Zeit als Unternehmerin hat die Wahl-Münchnerin Daniela Dollinger über 13 Jahre lang als Angestellte Berufserfahrung gesammelt im kaufmännischen Bereich, als Projektleiterin in namhaften Unternehmen und als Management-Beraterin bei SAP. Sie kennt die Probleme der Unternehmen, auf nationaler und internationaler Ebene, sowie im Mittelstand und in Großkonzernen.

Weitere Informationen im Internet: www.team-factory.de

**Was überzeugt an dieser Pressemitteilung?**

*Das Thema:* Daniela Dollinger präsentiert eine interessante Story, die sich in einem „Küchenzuruf" zusammenfassen lässt: „Beraterin misst mit neuer Methode Effektivität von Teams" – unter einer ähnlichen Überschrift wurde die Mitteilung dann veröffentlicht.

*Der Aufbau:* Nach dem Prinzip „Das Wichtigste zuerst" wird die neue Methode von Daniela Dollingers Firma Team-Factory erklärt. Die berufliche Vita von Daniela Dollinger ist am Ende als Hintergrundinformation platziert und kann, wenn nötig, ohne Sinnverlust für die gesamte Meldung weggekürzt werden.

*Formales:* Die Pressemitteilung ist als solche gekennzeichnet, enthält ein Datum und die komplette Firmenadresse – eine persönliche E-Mail-Adresse anzugeben wäre allerdings noch besser gewesen. Die Meldung ist klar durch Absätze gegliedert und damit übersichtlich. Für weitere Infos ist eine Webadresse angegeben. Wünschenswert wäre hier noch die Angabe einer Kontaktperson für weitere Fragen der Empfänger gewesen, zum Beispiel Daniela Dollinger selbst. Mit einer DIN-A4-Seite hat die Pressemitteilung eine gute Länge.

### Die Veröffentlichung

Daniela Dollingers Pressemitteilung hat auch die „Computerwoche" überzeugt, die einen Tag später in ihrem Online-Magazin einen Artikel über Sie veröffentlichte.

---

# Beraterin misst Effizienz von Teams

Träge Entscheidungsprozesse und unklare Strategien blockieren Mitarbeiter.

(xx.xx.xxxx)

Daniela Dollinger, ehemalige SAP-Management-Beraterin, hat mit ihrem in diesem Jahr gegründeten Unternehmen Team-Factory eine Methode entwickelt, damit Firmen das Potenzial ihrer Mitarbeiter besser nutzen können. Zuerst findet eine anonyme Befragung der Mitarbeiter statt, um daraus einen Team-Index zu ermitteln. Die Kernfrage dabei lautet „Wo stehen wir?". Beim Maximalwert von 100 Prozent läuft alles perfekt, die Leistung in der Gruppe ist nicht zu verbessern. Die Mitarbeiter kennen den Sinn ihrer Aufgabe, sind mit den entsprechenden Hilfsmitteln ausgestattet, und die Kommunikation läuft wie am Schnürchen. Die Mitglieder vertrauen sich gegenseitig, sind informiert und motiviert.

Bisherige Analysen der Münchner Beraterin zeigen allerdings, dass sich der Index in den meisten Unternehmen zwischen 60 und 70 Prozent bewegt. Die Mitarbeiter fühlen sich blockiert und können nicht ihre volle Leistung einbringen. Als häufigste Barrieren nennen die Beschäftigten träge Entscheidungsprozesse des Managements sowie unbekannte oder nicht nachvollziehbare Ziele und Strategien.

Im zweiten Schritt werden die wichtigsten Handlungsfelder und Vorschläge für notwendige Maßnahmen erarbeitet. Die Kernfrage hierbei ist „Wie können wir uns verbessern?". Mit der Einbindung der Mitarbeiter werden die Betroffenen zu Beteiligten gemacht. Die späteren Maßnahmen zur Verbesserung der Leistung im Team und damit des Team-Indexes werden von den Mitarbeitern akzeptiert und aktiv unterstützt.

Abhängig von den Ergebnissen empfiehlt Dollinger Strategie-Workshops, Arbeitsgruppen zum innerbetrieblichen Austausch von Fachthemen, Definition der problematischen Prozesse sowie das Engagement eines externen Trainers. Dies könne bei Konflikten oder bei Schwierigkeiten der Kommunikation hilfreich sein. Vor ihrer Zeit als Unternehmerin hat die Wahlmünchnerin Dollinger über 13 Jahre Berufserfahrung im kaufmännischen Umfeld gesammelt, und zwar als Projektleiterin und als Management-Beraterin bei SAP. Sie kennt die Schwachstellen der großen Firmen und des Mittelstandes auf nationaler und internationaler Ebene. (hk)

## Beispiel Alexandra Stöhr, ASC-Coaching & Consulting

„Bei mir hat sich aus den Artikeln definitiv Geschäft entwickelt", sagt Alexandra Stöhr, die außer mit Printmedien auch mit Radio-Interviews Erfahrung hat. Im Folgenden finden Sie ein Beispiel für einen Pressehinweis auf eine Veranstaltung, die von der Gleichstellungsbeauftragten der Stadt Pirmasens verschickt wurde. Große Kooperationspartner wie in unseren Beispielen Arbeitsagenturen oder Gleichstellungsbeauftragte haben häufig sehr umfangreiche, in jahrelanger Arbeit erstellte Presseverteiler zur Verfügung – nutzen Sie diese Ressourcen und liefern Sie wie Bettina Sturm oder Alexandra Stöhr eine gute Vorlage. Und so sah der Text der Pressemitteilung für die Gleichstellungsbeauftragte der Stadt Pirmasens aus.

# Märchen bieten Lebenshilfe

Rund um den Weltfrauentag bietet die Gleichstellungsstelle der Stadt Pirmasens vier Märchenabende für Frauen an

Märchen erlebten in den letzten Jahren wieder eine Renaissance. Doch leider werden sie noch allzu oft als Unsinn oder Altweibergeschichten abgetan, gerade mal recht für Kinder. Märchen waren bis ins 17. Jahrhundert hauptsächlich Erzählungen für Erwachsene. In neuerer Zeit hat sich auch die Tiefenpsychologie den Märchen zugewandt, weil auffiel, dass viele Träume des modernen Menschen gleiche und ähnliche Motive wie die Märchen aufweisen, die über die tieferen Strukturen des Menschen Auskunft geben können.

„In unserer Arbeit mit Frauen ist uns aufgefallen, dass sich Frauen heute mit verschiedenen Rollen konfrontiert sehen, die aus einem Dilemma aus der Kombination Kinder, Beruf und Beziehung bestehen", erklärt Alexandra Stöhr, eine der Referentinnen des Märchenseminars. „Frauen suchen vermehrt nach einem verantwortungsvollen und glücklichen Leben für sich selbst."

Anhand bestimmter Märchenbilder zeigen die Referentinnen Alexandra Stöhr und Sylke Lischer an vier Abenden, welche Entwicklungsmöglichkeiten die Arbeit mit Märchen bietet. So zeigt der Froschkönig, in welche Konflikte Paare geraten können. Schneewittchen wird offenbaren, wie verletzte Gefühle heilen können, und präsentiert einen typischen Mutter-Tochter-Konflikt. König Blaubart gibt Anlass, Männerbilder zu durchschauen, Rumpelstilzchen befreit sich durch einen Wutausbruch und Dornröschen ist gar nicht so passiv, wie mancher gerne glauben würde. Den beiden Frauen ist es gelungen, die Fragen der modernen Frau in diese Geschichten einzuweben. Und bieten anhand der Märchendeutungen überraschende Lösungsmöglichkeiten.

Für Fragen können Sie sich gerne an mich wenden:
Alexandra Stöhr
Matzenbergstr. 26
66989 Höheinöd
Tel.: xxxxx – xxxx oder xxxx – xxxxxxxx

*Das Thema:* Märchen für Frauen – das ist kurios und deshalb spannend. Und es ist ein Thema, das leicht zu bebildern ist – damit erhöhen sich die Veröffentlichungschancen.

*Der Aufbau:* Die Meldung ist klar aufgebaut, persönliche Zitate machen sie lebendig. Die Überschrift „Märchen bieten Lebenshilfe" macht neugierig und erklärt dabei das Thema in einem Satz. Die Beispiele erläutern das Thema plastisch, sind aber sinnvollerweise als Hintergrundinfo ans Ende gestellt, sodass bei Platzmangel ohne Probleme gekürzt werden könnte.

*Formales:* Die Chance, sich beruflich darzustellen, hätte noch etwas besser genutzt werden können – beispielsweise indem im Zitat nicht nur von „unserer Arbeit" gesprochen, sondern der Zusammenhang konkreter benannt wird: „Bei unseren beruflichen Coachings mit Frauen ist uns aufgefallen ..." Ansonsten: Ein Datum anzugeben schadet nie, dasselbe gilt für die E-Mail-Adresse der Kontaktperson.

Die Meldung erschien relativ unverändert im Online-Magazin „Best-of-Pfalz" – dort war sie mit einem netten Froschkönig-Foto als Hingucker zu sehen.

## Märchenabende für Frauen: „Märchen bieten Lebenshilfe"

Märchen erleben in den letzten Jahren eine Renaissance. Doch leider werden sie noch allzu oft als Geschichten abgetan, die gerade einmal recht für Kinder sind. Märchen waren jedoch bis ins 17. Jahrhundert hauptsächlich Erzählungen für Erwachsene. In neuer Zeit hat sich auch die Tiefenpsychologie den Märchen zugewandt, weil auffiel, dass viele Träume des modernen Menschen gleiche und ähnliche Motive wie die Märchen aufweisen, die über die tieferen Persönlichkeitsstrukturen Auskunft geben können.

„In unserer Arbeit mit Frauen ist uns aufgefallen, dass sich Frauen heute mit verschiedenen Rollen konfrontiert sehen, die aus einem Dilemma der Kombination Kinder, Beruf und Beziehung bestehen", erklärt Alexandra Stöhr, eine der Referentinnen des Märchenseminars. „Frauen suchen vermehrt nach einem verantwortungsvollen und glücklichen Leben für sich selbst." Anhand bestimmter Märchenbilder zeigen die Referentinnen Alexandra Stöhr und Sylke Lischer an den Abenden, welche Entwicklungsmöglichkeiten die Arbeit mit Märchen bietet. So zeigt der Froschkönig – damit wird die Märchenreihe am 17. Februar eröffnet –, in welche Konflikte Paare geraten können. Am 24. Februar wird die Beschäftigung mit „Schneewittchen" offenbaren, wie verletzte Gefühle heilen können, und präsentiert dabei einen typischen Mutter-Tochter-Konflikt.

König Blaubart gibt Anlass, Männerbilder zu durchschauen, Rumpelstilzchen befreit durch einen Wutausbruch – diese beiden Darstellungen sind am 3. März zu verfolgen. Den Abschluss der Reihe bildet die Beschäftigung mit Dornröschen am 10. März. Dornröschen zeigt, dass sie gar nicht so passiv ist, wie manche gerne glauben würden. Alexandra Stöhr und Sylke Lischer gelingt es, die Fragen der modernen Frau in diese Geschichten einzuweben, und sie bieten anhand der Märchendeutungen überraschende Lösungsmöglichkeiten.

Die Erörterungen beginnen jeweils um 19.30 Uhr im Ratssaal am Exerzierplatz. Die Märchenreihe wird unterstützt von der Stadtbücherei Pirmasens, deren Leiterin Ulrike Weil an den vier Abenden einen Büchertisch mit Literatur zum Thema und zu Märchen allgemein präsentieren wird.

Eine Anmeldung zu den einzelnen Veranstaltungen ist erforderlich, da nur eine begrenzte Anzahl von Plätzen zur Verfügung steht. Sie ist möglich bei:
Angelika Fallböhmer,
Gleichstellungsbeauftragte der Stadt Pirmasens.
Telefon xxxxx/xx-xxxx,
E-Mail gleichstellungsbeauftragte@pirmasens.de

## Beispiel Roland Hoheisel-Gruler, Rechtsanwalt und Mediator

Sehr erfolgreich verschickt Rechtsanwalt und Mediator Roland Hoheisel-Gruler Veranstaltungshinweise zu seinen Vorträgen in der Region. (Lesen Sie auch das Interview mit ihm auf Seite 159 ff.) Er versorgt sämtliche Gemeindeblätter im Landkreis Sigmaringen damit und hat die Mitteilung auch an die „Schwäbische Zeitung Sigmaringen" verschickt. Dabei bietet er eine Kurz- und eine Langfassung an:

---

Guten Tag,
bitte veröffentlichen Sie nachstehenden Text in Ihrem Medium. Für eine Berücksichtigung in Ihrem Terminkalender bedanke ich mich im Voraus.
Vielen Dank für Ihre Mühe.
Mit freundlichen Grüßen Doreen Hoheisel

*Pressetext kurz*
Mittwoch, den xx.xx.xxxx, 20:00 Uhr Frauenbegegnungszentrum Sigmaringen, Bahnhofstraße 3, 72488
Sigmaringen: Themenabend „Kinder in Trennungssituationen – elterliche Sorge und Umgang" mit Rechtsanwalt und Mediator Roland Hoheisel-Gruler, Sigmaringen. Eintritt frei.

*Pressetext lang*
Am Mittwoch, den xx.xx.xxxx findet um 20:00 Uhr wieder ein Themenabend mit Rechtsanwalt und Mediator Roland Hoheisel-Gruler im Frauenbegegnungszentrum in Sigmaringen, Bahnhofstraße 3, statt. Bei dieser Veranstaltung geht es um die Kinder in Trennungs- und Scheidungssituationen.

Den Kindern gehört in diesem Zusammenhang besonderes Augenmerk. Der „stern" hat diesem Themenbereich dieses Jahr schon eine Titelgeschichte gewidmet. „Wenn die Eltern auseinandergehen, bedeutet das für Kinder einen Schicksalsschlag. Ihr Seelenschmerz galt bisher als unvermeidbar. Studien belegen nun das Gegenteil: Entscheidend ist, wie Väter und Mütter miteinander und mit den Kindern umgehen", schrieb das Magazin zu dem Titel in seiner Online-Ausgabe.

Die Trennungszeit wird von den Parteien diesbezüglich oft als eine Zeit der großen Verunsicherung empfunden. Dies hat – wie es der „stern"-Artikel andeutet – etwas damit zu tun, wie die Eltern nach der

---

Trennung ihre Elternverantwortung, wie sie im Sorgerecht ausgestaltet ist, ganz bewusst wahrnehmen.

Damit sie es tun können, bedarf es umfassender Aufklärung und Beratung. Rechtsanwalt Hoheisel-Gruler wird deshalb an diesem Abend die rechtlichen Grundlagen und Möglichkeiten darstellen und mithilfe von Beispielen aus der Praxis erörtern. Hierbei wird die Ausgestaltung der gemeinsamen Sorge ebenso thematisiert werden wie die Möglichkeiten zur Übertragung des Sorgerechts oder zum Entzug des Sorgerechts.

Davon losgelöst wird das Umgangsrecht von verschiedenen Seiten beleuchtet werden.

Ein Ausblick auf die Möglichkeit, diese Fragestellungen mithilfe der Mediation anzugehen, rundet den Abend ab.

Die Veranstaltung beginnt um 20:00 Uhr im Frauenbegegnungszentrum Sigmaringen. Wie immer bei den Themenabenden besteht die Möglichkeit, ausgiebig mit dem Referenten zu diskutieren. Der Eintritt ist frei.

Für Fragen zur Veranstaltung steht der Referent unter der Nummer xxxxx-xxx xx zur Verfügung.

### Was überzeugt an dieser Pressemitteilung?

*Das Thema:* „Kinder in Trennungssituationen – elterliche Sorge und Umgang" ist ein aktuelles Thema, das viele betrifft.

*Der Aufbau:* Nicht immer sind eine Kurz- und eine Langfassung sinnvoll, in diesem Fall schon, weil auf einen Blick alle wesentlichen Informationen zum Vortrag zu sehen sind.

*Formales:* Die Pressemitteilung ist als solche gekennzeichnet, aber es fehlt die komplette Adresse des Absenders. Es wäre für die Verantwortlichen der Gemeindepublikationen und der Tageszeitungen sicher interessant zu wissen, in welcher Gemeinde Roland Hoheisel-Gruler seine Kanzlei hat. Eventuell ist das für einen späteren Bericht interessant, bei dem die lokale Nähe eine Rolle spielt. Oder für Radio- oder TV-Journalisten, die aufgrund der Zeitungsberichte die Idee entwickeln, den Anwalt als Experten zum Thema „Scheidung/Trennung" zu interviewen.

Gemeindeblätter wie beispielsweise das Amtsblatt der Gemeinde Sauldorf haben die Kurzfassung als Veranstaltungshinweis abgedruckt. Die Sigmaringer Ausgabe der „Schwäbischen Zeitung" brachte auf Basis der (gekürzten) Langfassung sogar eine kleine Meldung zum Thema.

## Trennung der Eltern ist hart für Kinder

Sigmaringen (sz) – Ein Themenabend mit dem Rechtsanwalt und Mediator Roland Hoheisel-Gruler findet am Mittwoch, xx.xx.xxxx, um 20 Uhr im Frauenbegegnungszentrum in Sigmaringen, Bahnhofstraße 3, statt. Dieses Mal geht es um die Kinder in Trennungs- und Scheidungssituationen.

Auf dem Themenabend wird die Ausgestaltung der gemeinsamen Sorge ebenso thematisiert werden wie die Möglichkeiten zur Übertragung des Sorgerechts oder zum Sorgerechtsentzug. Davon losgelöst wird das Umgangsrecht von verschiedenen Seiten beleuchtet. Ein Ausblick auf die Möglichkeit, diese Fragestellungen mit Hilfe der Mediation anzugehen, rundet den Abend ab. Der Eintritt zum Themenabend ist frei.

# 5. Zielgerichtete Pressearbeit: So bauen Sie einen Verteiler auf

Der Erfolg Ihrer Pressmitteilungen hängt entscheidend davon ab, an welche Medien Sie sie schicken und ob Sie den Empfängern bereits bekannt sind. Lesen Sie, was Sie bei Aufbau und Pflege des Presseverteilers und beim Versand der Pressemitteilungen unbedingt beachten sollten.

Sie haben Ihre erste Pressemitteilung verfasst, alles hat viel länger gedauert als geplant. Sie haben die Meldung x-mal überarbeitet, und nun möchten Sie sie ganz schnell versenden. Doch jetzt fängt die Arbeit erst richtig an: Sie brauchen einen Verteiler, an den Sie Ihre Pressemitteilung verschicken können.

## Was zuerst: Pressemeldung oder Verteiler?

Legen Sie am besten schon vor dem Schreiben Ihrer Meldung zumindest grob fest, an wen Sie sie später verschicken wollen, denn so können Sie zielgerichtet arbeiten. Wenn Sie eine Pressemitteilung an eine Tageszeitung schicken, werden Sie andere Aspekte betonen, als wenn Sie sich an Fachzeitschriften wenden. Im ersten Fall werden Sie einen allgemeingültigeren Aufhänger benutzen, auf Fachwörter verzichten und technische Details zurückstellen. Hinzu kommt, dass Sie für den Aufbau eines Verteilers eine Menge Zeit benötigen. So kann eine Pressemitteilung zu einem aktuellen Thema schon veraltet sein, bis Sie die passenden Ansprechpartner herausgefunden und ihnen die Meldung zugeschickt haben.

Falls Sie noch gar keinen Verteiler erstellt haben, hat dies also oberste Priorität. Verfügen Sie bereits über einen Grundstock an Journalistenkontakten, bietet eine aktuelle Pressemitteilung einen guten Anlass, auf neue Medien und Ansprechpartner zuzugehen und den Verteiler zu erweitern. In diesem Fall können Sie auch nach der Fertigstellung der Pressemitteilung aktiv werden, da Sie die Daten der wichtigsten Ansprechpartner ja schon kennen.

## Klasse statt Masse

Viele Gründer glauben, die Masse macht's. Sie kopieren aus einer dafür eigentlich ungeeigneten Quelle möglichst viele Kontakte und bringen dann ihre Pressemitteilung unter die Leute, ohne darauf zu achten, ob das jeweilige Medium überhaupt passend ist. Möglicherweise veröffentlichen nicht alle ausgewählten Ansprechpartner Ihre Art von Nachricht, zum Beispiel, wenn es sich um einen Veranstaltungshinweis handelt. Auf diese Weise produzieren Sie nichts anderes als Spam. Bedenken Sie, dass jede E-Mail, die Sie versenden, beim Empfänger Arbeit verursacht – und wenn es nur das Drücken des Delete-Buttons ist.

Machen Sie sich auch klar, was solche massenhaft versendeten E-Mails bewirken: Sofern diese Nachrichten überhaupt relevante Journalisten erreichen, ist die Wahrscheinlichkeit groß, dass sie bestenfalls Gleichgültigkeit, schlimmstenfalls Verärgerung hervorrufen. Zudem vermitteln Sie die Botschaft, dass Sie nicht zielgerichtet und damit unprofessionell arbeiten. Wenn Sie dann eine wirklich aussagekräftige Pressemitteilung versenden, die genau auf das Medium passen würde, erreicht sie den Journalisten oder die Journalistin wahrscheinlich schon gar nicht mehr. Er oder sie löscht Ihre E-Mails automatisch oder lässt Ihre Absenderadresse bereits vom Spamfilter aussortieren. Hilfreiche Veröffentlichungen kommen nur über qualifizierte Kontakte zustande, mit Massenmails erreichen Sie allenfalls den einen oder anderen Zufallstreffer – und damit nichts, was Sie stolz in Ihre Pressemappe aufnehmen können.

Je gezielter und besser vorbereitet der Versand, umso besser sind die Chancen, dass Ihre Mitteilung veröffentlicht wird. Deshalb lohnt es sich, die eigenen Journalistenkontakte so zu verwalten, dass Sie sie nach Art des Mediums und nach Region selektieren können. Außerdem empfiehlt es sich, die Empfängerliste vor jeder Versendung durchzuschauen. Das kostet Zeit, aber damit ersparen Sie den von Ihnen aussortierten Empfängern unnötige Arbeit und Ärger. Überlegen Sie sich beim Durchgehen der Liste am besten, ob Sie Ihre Pressemitteilung auch dann an jeden Adressaten schicken würden, wenn Sie alle einzeln per Post oder E-Mail anschreiben müssten. Zuvor müssen Sie aber erst einmal einen guten und zu Ihnen passenden Verteiler aufbauen.

## Wie Sie erste Kontakte finden

Bevor Sie konkret Namen, Telefonnummern und E-Mail-Adressen heraussuchen, überlegen Sie zunächst einmal systematisch, für welche Redaktionen Ihre Pressemitteilungen überhaupt interessant sind. Mithilfe der Übungen in Kapitel 2 haben Sie wahrscheinlich eine ganze Reihe von Themen und Anlässen für Pressemitteilungen entwickelt. Gehen Sie diese Liste durch und nutzen Sie die folgende Mindmap als Checkliste, um die einzelnen Ideen den passenden Medien zuzuordnen. Noch besser: Sie entwickeln Ihre eigene Mindmap und füllen sie mit den für Ihre Pressearbeit wichtigsten Medien. Damit erstellen Sie sozusagen eine Landkarte, auf der Ihre verschiedenen Zielgruppen lokalisiert sind.

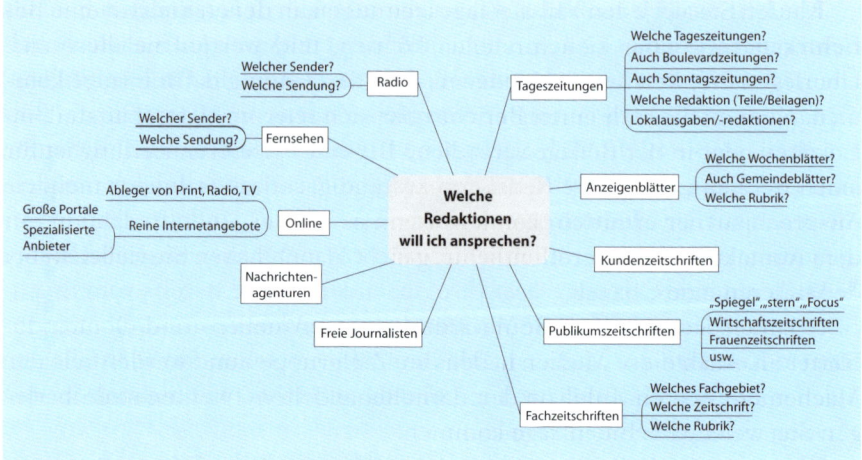

Mindmap mit Kategorien von Medien

## Bestimmen Sie Ihre Zielmedien

Der nächste Schritt zum Verteiler führt Sie zum Bahnhof in Ihrer Stadt oder in den Zeitschriftenlesesaal einer Bibliothek. Hier finden Sie ein breites Presseangebot, das es an anderer Stelle nicht gibt, darunter auch solche Medien, die nicht jeder Zeitschriftenladen bereithält. Sie stoßen auf Medien aus anderen Regionen und Ländern sowie auf ein breites Spektrum an Fachzeitschriften.

Verschaffen Sie sich nun einen Überblick darüber, wo eine Berichterstattung über Sie oder Ihr Unternehmen sinnvoll sein könnte. Vielleicht kommen Sie mit einem dicken Stapel Zeitungen und Zeitschriften nach Hause, in jedem Fall aber sind Sie nach dem Streifzug sensibilisiert für die Vielfalt der infrage kommenden Medien.

Werten Sie das Impressum dieser Medien aus oder recherchieren Sie die jeweilige Redaktionsadresse über das Internet. Vielleicht haben Sie Glück und entdecken in den ausgewählten Medien schon einige Beiträge, die Ihre Branche oder Ihr Themenfeld betreffen. Schauen Sie nach: Wer hat diese Artikel verfasst? Über das Impressum können Sie herausfinden, ob es sich um ein festes Redaktionsmitglied oder eine/n freie/n Mitarbeiter/in handelt. Im Idealfall finden Sie auch gleich die entsprechende Durchwahl und die persönliche E-Mail-Adresse, ansonsten notieren Sie sich zunächst die Namen und Redaktionsadressen.

Kaufen Sie auf jeden Fall die Tageszeitungen, in denen Sie sich eine Berichterstattung über sich vorstellen können, und werten Sie diese aus. Überlegen Sie, welche verschiedenen Teile der Zeitung dafür infrage kommen: Können Sie sich einen Bericht über sich eher im Wirtschaftsteil, im Lokalteil oder in der Beilage vorstellen? Bei einer größeren Zeitung ist für jeden Bereich eine andere Redaktion zuständig, sodass Sie gleich mehrere Ansprechpartner ermitteln können. Wenn es bei der einen Redaktion mit dem Kontakt oder der Veröffentlichung nicht klappt, haben Sie vielleicht bei der anderen eine Chance.

Schauen Sie sich auch Boulevardzeitungen, Wochen- und Gemeindeblätter an. Auch diese Medien haben ihre Zielgruppen und werden gelesen. Machen Sie sich ein Bild von den darin behandelten Themen und überlegen Sie, welche für Sie infrage kommen.

Wenn für Sie Radio und Fernsehen als Zielmedien infrage kommen, dann schauen Sie einige Programmhefte nach Sendeformaten durch, in denen Ihr Thema behandelt werden könnte. Im einen Fall mag das ein Wirtschaftsmagazin wie „WISO" oder „Plusminus" sein, im anderen Fall ein Boulevard- oder politisches Magazin. Fast jede Sendung hat ihre eigene Redaktion, die Sie auf der Website des jeweiligen Fernsehsenders recherchieren können.

**Tipp**
**Nehmen Sie direkt Kontakt auf**

Auf Networking-Plattformen wie XING (www.xing.com) sind viele Journalisten aktiv, denn hier können sie schnell und gezielt Gesprächspartner mit speziellem Know-how oder besonderen Interessen finden und unkompliziert kontaktieren. Professionelle PR-Dienstleister haben das längst erkannt und gehen ebenfalls diesen Weg, um sich mit Journalisten zu vernetzen oder sie gezielt zu einem bestimmten Thema anzusprechen.
Nutzen auch Sie diese Möglichkeit – aber nur, wenn Sie dem betreffenden Journalisten oder der betreffenden Journalistin interessante Informationen bieten können.

Finden Sie auch heraus, welche Internetseiten sich mit Themen wie dem Ihrigen beschäftigen. Beginnen Sie mit den Online-Ausgaben der von Ihnen zuvor ermittelten Medien. Insbesondere größere Print- und TV-Stationen verfügen über eine Online-Redaktion mit gesonderten Ansprechpartnern. Diese sollten Sie getrennt erfassen und ebenfalls mit Ihren Pressemitteilungen versorgen.

Benutzen Sie Nachrichtensuchmaschinen (siehe Kapitel 9), aber auch die ganz normale Websuche, um Beiträge über ähnliche Themen wie Ihres zu finden. Schauen Sie, wo diese veröffentlicht sind, und auch, wo Wettbewerber erwähnt werden. Innerhalb weniger Stunden können Sie eine Hitliste der relevantesten Websites zusammenstellen.

Seien Sie wählerisch und schreiben Sie eher zu wenige als zu viele Adressen heraus. Es kommt nicht auf Vollständigkeit an, denn die ist sowieso kaum zu erreichen. Vielmehr geht es darum, eine Reihe besonders aussichtsreicher Adressaten zu finden. Sobald Sie mit Ihren Analysen erst einmal angefangen haben, werden Sie die Medien, mit denen Sie tagtäglich in Kontakt kommen, bewusster wahrnehmen, infrage kommende Journalisten und Redaktionen erkennen und auf diese Weise Ihren Verteiler schrittweise vervollständigen.

## Kontakte vom Adresshändler: Zimpel und Stamm

Viel Zeit für Recherchen können Sie sparen, wenn Sie Zugang zu einer Journalistendatenbank haben. Der Verlag Dieter Zimpel (www.zimpel.de) verfügt über 90.000 Redaktions- und Journalistenadressen in Deutschland. Der Stamm Verlag (www.stamm.de) verspricht mit dem „Stamm Impressum" sogar den Zugriff auf über 150.000 Medienadressen in Deutschland, Österreich und der Schweiz. Hier sind nicht nur Redaktionsanschriften, sondern auch Adressen der Anzeigenabteilungen enthalten.

Geliefert werden die Daten im Online- oder CD-Abo. Beim günstigeren Anbieter von Adressen in Deutschland ist mindestens mit einmaligen Kosten von rund 600 Euro und laufenden Kosten von 1.000 Euro jährlich zu rechnen. PR-Dienstleister greifen auf solche Datenbanken zurück, wenn sie für Sie einen individuellen Verteiler zusammenstellen. Einen solchen Verteilerdienst bieten die Verlage teilweise auch selbst an (Stamm etwa verlangt 1,30 Euro pro Adresse mit Mengenrabatt ab 500 Adressen).

Beachten Sie aber, dass die Kontaktdaten von Journalisten schnell veralten. Pro Quartal muss der Stamm Verlag fast 20 Prozent seiner Datenbankeinträge aktualisieren. So häufig wechseln Ansprechpartner, ändern sich Positionsbezeichnungen, Telefonnummern sowie andere Kontaktdaten.

Halbjährlich wird die Stamm-Medien-CD (179 Euro) als elektronische Ausgabe des seit 1947 jährlich erscheinenden „Stamm Leitfaden durch Presse und Werbung" herausgegeben. In Buchform ist der „Stamm" in vielen Bibliotheken zu finden.

Ebenfalls erschwinglich und in vielen Bibliotheken zu finden sind die handlichen Pressetaschenbücher des Kroll Verlags zu unterschiedlichen Themenbereichen wie Wirtschaftspresse, Informations- und Kommunikationstechnik, Touristik, Geld und Versicherung oder Wissen und Bildung (www.kroll-verlag.de, je 29 Euro). Die in den Taschenbüchern verzeichneten Medien können kostenlos über die Website www.pressguide.de recherchiert werden.

Falls für Ihr Unternehmen Interessenverbände, Stiftungen, soziale und kulturelle Einrichtungen sowie staatliche Stellen auf den verschiedensten Ebenen eine Rolle spielen, finden Sie die für Sie geeigneten Adressen im „Taschenbuch des öffentlichen Lebens Deutschland" des Oeckl Verlags (www.oeckl.de, 112,80 Euro).

Ein Verzeichnis von jährlich rund 38.000 redaktionellen Sonderthemen, Beilagen und Sonderheften bietet der „Themenplan" des bereits erwähnten Zimpel-Verlags (190 Euro jährlich). Da die Redaktionen bei solchen Gelegenheiten relativ breit über ein Thema berichten, haben Sie bessere Chancen auf eine Veröffentlichung als gewöhnlich, wenn Sie frühzeitig thematisch passende Presseinformationen versenden.

## Erstkontakt: der richtige Ansprechpartner

Name und Anschrift einer Redaktion sind relativ einfach herauszufinden, reichen aber oft nicht aus, damit die Pressemeldung beim richtigen Ansprechpartner ankommt. Natürlich können Sie „Chefredakteur" oder „Chef vom Dienst" ergänzen und die Pressemitteilung ohne weitere Qualifizierung versenden – aber bitte nicht an den Chefredakteur der „Süddeutschen Zeitung". Sie sollten Ihre Nachricht zumindest an den Ressortleiter oder die Ressortleiterin der entsprechenden Rubrik, zum Beispiel „Wirtschaft", „Beruf und Karriere" oder Ähnliches, adressieren. Achten Sie dabei auf die korrekte Ressortbezeichnung und machen Sie sich zudem jeweils die Mühe, den Namen des betreffenden Ressortleiters oder der Ressortleiterin herauszufinden.

Besser und letztlich wahrscheinlich weniger Arbeit ist es, direkt anzurufen und nach dem zuständigen Redakteur oder der zuständigen Redakteurin und die entsprechenden Kontaktdaten zu fragen. Wenn man Ihnen dann doch eine allgemeine Redaktionsadresse nennt, so hat dies mit der Organisation der Redaktion zu tun, und Sie sollten es ganz einfach akzeptieren. Bei Radiostationen zum Beispiel rotiert die Aufgabe des Chefs vom Dienst häufig zwischen den Redakteuren. Ihr Ziel sollte es trotzdem bleiben, Ihre ganz individuellen Kontakte in die Redaktionen aufzubauen, um nach und nach vertrauensvolle Beziehungen zu erarbeiten. Außerdem werden durch Gatekeeper wie den Chef vom Dienst wahrscheinlich viele Meldungen nicht weitergeleitet, die der direkte Ansprechpartner zumindest überfliegen und zur Kenntnis nehmen würde.

**Gut zu wissen**

**Zustimmung – ja oder nein?**

Brauche ich eigentlich die Zustimmung des Journalisten oder der Journalistin, wenn ich ihn oder sie in meinen Verteiler aufnehmen möchte? Wenn Sie jemandem regelmäßig E-Mails zusenden wollen, brauchen Sie normalerweise immer dessen Zustimmung. Schon allein deshalb ist es sinnvoll, die betreffende Person vorab anzurufen. In der Praxis fehlt vor dem Versand der ersten Pressemitteilung meist die Zeit, alle Empfänger durchzutelefonieren, sodass Sie sich möglicherweise erst einmal auf die wichtigsten Medien beschränken. Die Anrufe bei den anderen Medien sollten Sie aber im Anschluss an den ersten oder zweiten Versand nachholen. Wohlgemerkt: Rufen Sie nicht nach jeder Meldung an. Die Klärung, ob ein bestimmtes Thema generell für sie relevant ist oder nicht, werden Journalisten dagegen nicht als Belästigung empfinden.

Auch wenn Sie eine Datenbank wie „Zimpel" oder „Stamm" benutzen, lohnt sich die Mühe, beim Empfänger anzurufen und nachzufragen, ob er wirklich der richtige Adressat für Ihre Art von Pressemitteilung ist. Gleichzeitig können Sie sich die Kontaktdaten bestätigen lassen. Oft ergibt sich aus einer solchen Nachfrage schon ein kurzes Gespräch, sodass der Journalist oder die Journalistin später Ihren Namen wiedererkennt und Ihrer Pressemitteilung größere Aufmerksamkeit schenkt. Wenn Ihr Gesprächspartner nicht an Ihren Meldungen interessiert ist, sollten Sie das respektieren; vielleicht nennt er Ihnen einen Kollegen, für den das Thema relevant sein könnte. Prima, wenn durch Ihren Anruf ein neuer Kontakt entsteht. Das ist doch viel besser, als auf einen Anruf zu verzichten und der falschen Person ungewünschte E-Mails zu schreiben.

**Tipp**
**Achten Sie immer auf die korrekten Schreibweisen**

Falls Sie am Telefon eine E-Mail-Adresse genannt bekommen, bitten Sie darum, dass sie Ihnen buchstabiert wird. Dann kommen Ihre Pressemeldungen sicher an, und Sie können gleich noch den Namen des Journalisten und die korrekte Schreibweise klären. Nehmen Sie sich die Zeit dafür, es lohnt sich. Denn warum sollte jemand Ihrer Pressemitteilung Aufmerksamkeit schenken, wenn Sie sich noch nicht einmal die Mühe gemacht haben, seinen Namen richtig zu schreiben?

## So kommen Sie an freie Journalisten heran

Viel von dem, was geschrieben und gesendet wird, stammt gar nicht von Redakteuren, sondern von freien Mitarbeitern, die als Einzelkämpfer oder im Team mit anderen Journalisten arbeiten, oft auch unter dem Titel „Redaktionsbüro". Diese Journalisten haben einen erheblichen Einfluss darauf, was publiziert wird. Oft sind sie Experten für ein bestimmtes Thema, zum Beispiel Handys oder Immobilien, und schreiben für mehrere Medien. So können sie eine für gut befundene Story gleich mehrfach unterbringen. Bezahlt werden sie nach Anzahl und Umfang der Beiträge, deshalb sind sie oft extrem produktiv.

Wenn Sie auf interessante Artikel von einem Verfasser stoßen, der nicht im Impressum gelistet ist, fragen Sie einfach nach, wer den Beitrag geschrieben hat. Handelt es sich tatsächlich um einen freien Journalisten beziehungsweise eine freie Journalistin, werden Sie zwar in der Regel nicht direkt die Kontaktdaten erhalten, aber zumindest doch den vollständigen Namen. Wenn Sie dann noch in Erfahrung bringen können, in welcher Stadt die betreffende Person lebt, finden Sie sie wahrscheinlich per Telefonbuch oder Suchmaschine. Solch detektivischer Aufwand lohnt sich besonders bei solchen Journalisten, deren Namen Sie wiederholt, vielleicht sogar in verschiedenen Medien lesen. Ein anderer Weg, den Sie nutzen können, ist das Schreiben eines Leserbriefs. Die Redaktion leitet derartige Anschreiben und E-Mails in der Regel an die entsprechenden Autoren weiter.

Kontaktverzeichnisse wie „Zimpel" und „Stamm" haben jeweils eigene Bereiche für die Kontaktdaten freier Journalisten eingerichtet. Weniger umfassend, dafür jedoch kostenlos ist die Datenbank „Freie Journalisten" auf der Website www.djv.de des Deutschen Journalisten-Verbands e. V. (DJV). Doch bei weitem nicht jeder freie Journalist möchte sich durch die Eintragung in solche Verzeichnisse erreichbar machen. Deshalb kommt es ganz besonders darauf an, dass Sie Ihren Verteiler im Rahmen der laufenden Pressearbeit schrittweise weiterentwickeln. Ihr Vorteil: Ein solcher über Jahre gewachsener Verteiler stellt einen erheblichen Wert dar und lässt sich nicht so einfach von einem Wettbewerber kopieren.

## Zur technischen Seite: die Verteiler-Datenbank

Im einfachsten Fall notieren Sie die Kontaktdaten der Journalisten in Outlook und ordnen sie der Kategorie „Presse" zu. Besser weiterzuverarbeiten ist allerdings eine Excel-Datei, da Sie hier Autofilter einrichten und die Tabelle schnell nach bestimmten Kategorien wie „Frauenzeitschrift", „Stuttgart" oder „bundesweit" selektieren können. Die Daten lassen sich zudem unkompliziert in andere Programme übernehmen, um Serienbriefe, -faxe oder -mails zu versenden.

Noch komfortabler ist ein Adressverwaltungsprogramm. Das empfiehlt sich, wenn Sie einen sehr großen Presseverteiler aufbauen wollen oder ohnehin schon ein solches Programm zur Kundenverwaltung verwenden. Im Vordergrund sollte bei der Auswahl stehen, dass das Programm für Sie einfach und bequem zu bedienen ist. Denn nur dann werden Sie konsequent jede Journalistenadresse eintragen und den Verteiler ständig aktuell halten. Aus dem gleichen Grund sollten Sie sich auch bei der Anzahl der Felder auf das Nötigste beschränken. In dem Fall, dass Sie Pressemitteilungen nicht per Post versenden, sind aus unserer Sicht die folgenden Angaben ausreichend.

- Kontaktdatum: Aufnahme in Verteiler, Anruf durch Journalisten etc.
- Anlass: Empfehlung durch Kollegen, braucht Infos zu XYZ
- Erscheinungs-/Sendetermin (Falls eine konkrete Veröffentlichung geplant ist, wann oder in welcher Ausgabe wird sie erscheinen?)
- Anrede (Herr, Frau, Herr Dr., Frau Dr.)
- Vor- und Zuname
- Telefonnummer
- E-Mail-Adresse
- Position: Chefredakteur/in, Volontär/in, freie/r Journalist/in
- Medium: „Süddeutsche Zeitung", „F.A.Z.", „Bayerischer Rundfunk", „Focus", „Freundin"
- Link zur Website des Mediums, zum Beispiel www.freundin.de
- Redaktion: „Beruf und Karriere", „BR-Alpha, Redaktion Job", „Redaktionsbüro ABC" (An dieser Stelle benötigen Sie wahrscheinlich ein zusätzliches Bemerkungsfeld, zum Beispiel, um weitere Medien zu erfassen, für die Ihr Ansprechpartner tätig ist.)
- Medienkategorie: Karriereteil, TV, Frauenzeitschrift (Orientieren Sie sich dabei an der zuvor erstellten Mindmap.)
- Einzugsbereich: München, Bayern, bundesweit

Wenn Sie keine E-Mail-Adresse erhalten oder der Redakteur möchte, dass Sie ihm die Pressemitteilung per Fax senden, so müssen Sie natürlich auch die Faxnummer erfassen. Sollten solche Fälle häufiger vorkommen, empfiehlt es sich, den bevorzugten Versandweg (E-Mail, Fax, Post) in einem eigenen Feld zu erfassen. In der Regel genügt es aber, die Faxnummer bei Bedarf nachträglich zu erfragen. Wenn Sie wollen, können Sie auch für die postalische Adresse eigene Felder vorsehen, die Sie dann eben nur bei Bedarf ausfüllen.

Nutzen Sie die Kontaktformulare nicht nur als Ablagestelle für Informationen, sondern auch als Fragebogen, die Sie aktiv ausfüllen. Stellen Sie sicher, dass Sie nach jedem Gespräch mit Journalisten den korrekt geschriebenen Namen, Telefonnummer und E-Mail-Adresse sowie das Medium notiert haben. Bei Rufnummererkennung können Sie die Telefonnummer oft schon direkt ablesen und sich kurz bestätigen lassen. Die E-Mail-Adresse erhalten Sie spätestens dann, wenn Sie die Zusendung einer zusätzlichen Information, eines Links oder eines Artikels anbieten können. „Falls mir noch etwas/jemand dazu einfällt, schreibe ich Ihnen kurz. Wie lautet denn Ihre E-Mail-Adresse?" Da die E-Mail-Adresse oft den Namen des Empfängers enthält, stellen Sie damit auch sicher, dass Sie wissen, wie dessen Name richtig geschrieben wird. Häufig ist dieser am Anfang des Gesprächs nur undeutlich zu hören oder geht in der Vielzahl an Informationen unter. Grundsätzlich sollten Sie ihn aber schon zu Beginn des Gesprächs notieren, um Ihr Gegenüber während des Telefonats namentlich ansprechen zu können.

Wenn die Zahl Ihrer Pressekontakte zunimmt, kann es hilfreich sein, sie nach A, B und C zu priorisieren. Ergänzen Sie in Ihrer Tabelle eine solche Spalte. Sie brauchen nicht unbedingt alle Kontakte zu kategorisieren. Wichtig für Sie ist es, vor allem die A-Kontakte präsent zu haben. So können Sie sich ergebende Anlässe nutzen, um sich bei diesen Personen in Erinnerung zu bringen, zum Beispiel, wenn Sie auf für sie interessante Informationen, Studien oder Ähnliches stoßen. Schauen Sie Ihren Verteiler auch regelmäßig durch. Wenn Sie dabei feststellen, dass Sie mit einem A-Kontakt schon sehr lange nicht mehr gesprochen haben, können Sie anrufen, fragen, wie es ihm geht, und kurz erläutern, was sich bei Ihnen in der Zwischenzeit getan hat.

## Versand von Pressemitteilungen: nur noch per E-Mail?

Pressemitteilungen werden heute fast ausschließlich per E-Mail verschickt. Nur noch sehr wenige Journalisten wünschen eine Zusendung per Fax oder Post. Der E-Mail-Versand ist schnell, billig und unkompliziert, die Texte können direkt übernommen und weiterverarbeitet werden. Trotzdem sind Fax- und Postversand noch immer eine Überlegung wert, denn während E-Mails mit einem Knopfdruck gelöscht werden, wird der Empfänger Faxe zumindest überfliegen. Der Chefredakteur einer Stadtzeitung berichtete uns zu diesem Thema: „Es ist schon fast altertümlich, so ein Fax. Aber man schaut sich das dann doch etwas genauer an. Man muss ja einen Blick darauf werfen, bevor man es wegwirft. Und abschaffen werden wir das Fax auch nicht, weil wir natürlich von unseren Anzeigenkunden eine schriftliche Auftragsbestätigung haben wollen. Unser Verlag ist so klein, da teilen wir uns ein Faxgerät mit der Anzeigenabteilung." Auch PR-Experten wissen das. Typisches Zitat: „Und die Reaktionsrate auf Faxe ist doch größer – egal, was die Journalisten selbst über sich sagen."

Fax- und Postversand sind so selten geworden, dass Sie damit auffallen können – gerade wenn Sie Ihr Unternehmen ansonsten ganz modern gestaltet haben. Die Frage ist, ob sich der sehr viel höhere Aufwand lohnt. Das gilt auch für den Versand von kleinen Beilagen, sogenannten Give-aways, zum Beispiel Kugelschreibern, Rechnern, Uhren und Ähnlichem: Wenn die Story nicht passt, wird der Journalist oder die Journalistin das Give-away behalten – und die Pressemitteilung wegwerfen. Konzentrieren Sie sich deshalb lieber auf eine gute Story, einen zielgenauen Verteiler und den Aufbau persönlicher Beziehungen zu den Journalisten.

Sie werden also wahrscheinlich nur in Ausnahmefällen Ihre Pressemitteilungen per Post oder Fax versenden. Im Folgenden konzentrieren wir uns deshalb darauf, was das Besondere beim E-Mail-Versand ist und worauf Sie dabei achten sollten.

## Absender und Betreffzeile entscheiden, ob die Pressemeldung gelesen wird

Wer täglich hundert und mehr E-Mails lesen muss, arbeitet mit zwei Tasten: „Delete" und „Pfeil nach unten". Der Journalist muss in wenigen Sekunden entscheiden, wie er mit den Nachrichten verfährt: Löscht er sie, verschiebt er sie in einen Themenordner, um sie später (vielleicht) einmal genauer anzuschauen, liest er sie sofort komplett oder druckt er sie aus? Unter diesen Umständen nützt es nichts, wenn der interessante Inhalt einer Pressemeldung erst im zweiten Textabsatz auftaucht. Schon die Betreffzeile sollte dem Empfänger vermitteln, warum die Meldung für sein Medium relevant ist, denn sonst wird er gar nicht so weit lesen.

Zunächst einmal sollten Sie deutlich machen, dass es sich bei Ihrer Nachricht um eine Pressemitteilung handelt, zum Beispiel platzsparend mit der Abkürzung „PM" am Beginn der Betreffzeile. Formulieren Sie anschließend kurz und knapp, worum es in der Mitteilung geht. Orientieren Sie sich dabei an den W-Fragen (siehe Kapitel 2) und versuchen Sie, diese sehr knapp zu beantworten – oftmals sieht der Empfänger im E-Mail-Programm nur die ersten Worte des Betreffs. Erinnern Sie sich an den Küchenzuruf, vielleicht können Sie ihn hier einsetzen. Bleiben Sie sachlich und verzichten Sie auf reißerische Begriffe, Ausrufezeichen und Zusätze wie „Eilt", „Wichtig" oder „Dringend". Das würde Ihre Pressemitteilung lediglich in die Nähe von Spammails rücken. Ein guter Betreff ist wie eine gut getextete Headline, die informiert und für Aufmerksamkeit sorgt – auch ohne derartige Zusätze.

Ebenso spielt bei der Bewertung eine wichtige Rolle, von wem die E-Mail stammt. Erkennen die Journalisten in Ihrem Verteiler Sie bereits anhand von Vor- und Zuname? Es kann sinnvoll sein, den Firmennamen oder bei größeren Unternehmen „Pressestelle" in den Absender aufzunehmen oder als Absender presse@firmenname zu wählen. So wird sofort erkennbar, dass es sich um eine Presseangelegenheit handelt. Schicken Sie Ihre Pressemitteilung auch an sich selbst, um zu sehen, wie sie bei anderen erscheint.

## Welche zusätzlichen Angaben sind sinnvoll?

Die Angabe des Datums ist überflüssig, es wird beim Versand per E-Mail ohnehin mitprotokolliert. Sinnvoll kann dagegen die Angabe eines „Haltbarkeitsdatums" sein, zum Beispiel ein Hinweis bei einer Veranstaltung mit Anmeldeschluss: „Aktuell bis Dienstag, 10. März". Solche Ergänzungen gehören ganz an den Anfang zwischen den Hinweis „Pressemitteilung" und die eigentliche Überschrift.

Bei speziellen Anlässen, zum Beispiel bei einer Preisverleihung, bei der der Gewinner oder die Gewinnerin bereits feststeht und der Name in der Pressemitteilung bekanntgegeben wird, oder bei einer Rede, die erst noch gehalten wird, ist ein Sperrvermerk hilfreich. Sie schreiben dann „Sperrvermerk: 10. März, 15:00 Uhr". Der Journalist oder die Journalistin erhält die Meldung schon früher, sodass genügend Zeit bleibt, den Artikel zu schreiben und dann gleich im Anschluss an das Ereignis zu veröffentlichen. Wenn Sie erst nach einer Veranstaltung mit dem Schreiben und Versenden der Pressemitteilung beginnen, sinkt die Chance auf eine Veröffentlichung, da dann der aktuelle Bezug leicht verlorengeht.

## Verzichten Sie auf Anhänge und langatmige Anschreiben

Verschicken Sie die Pressemitteilung nicht als Anhang, sondern direkt als Text der E-Mail, denn Nachrichten mit Anhang bleiben häufig in Spamfiltern hängen. Und wenn Sie dem Empfänger nicht namentlich bekannt sind, löscht er den Anhang vielleicht aus reiner Vorsicht, denn auch Word-Dokumente können Viren enthalten. Das Abrufen von E-Mails mit Anhang dauert zudem länger, und auch das Anschauen eines Anhangs ist jedes Mal mit einer Wartezeit verbunden, denn Textverarbeitungsprogramm oder PDF-Reader müssen zunächst geöffnet werden. Bedenken Sie auch, dass Redakteure viel unterwegs sind und ihre E-Mails daher mit mobilen Endgeräten abrufen.

Aus all diesen Gründen sollten Sie Anhänge nur auf Anforderung verschicken, zum Beispiel, wenn ein Journalist eine Abbildung oder eine Tabelle von Ihnen benötigt. Haben Sie auf Ihrer Website einen Pressebereich eingerichtet (siehe Kapitel 7), können Sie in der Pressemitteilung auch bequem auf solche zusätzlichen Ressourcen verlinken. Ein Anschreiben ist ebenfalls nicht notwendig, denn wenn Ihre E-Mail wie empfohlen direkt die Pressemitteilung enthält, ist dafür nicht viel Platz. Fassen Sie sich kurz oder verzichten Sie darauf: Die Pressemitteilung sollte für sich sprechen.

## „Text pur" oder HTML?

Moderne E-Mail-Programme bieten umfangreiche Formatierungsmöglichkeiten. Sie können mit Schriftarten, -größen und -farben spielen sowie Bilder und Tabellen einfügen. Da dann der Versand per HTML erfolgt, können Sie im Grunde fast alles umsetzen, was auch auf einer Website möglich ist. Ob das, was Sie verschicken, auch vollständig und gut lesbar beim Empfänger ankommt, ist aber eine andere Sache. Die Anordnung von Text, Bildern und Tabellen kann leicht durcheinandergeraten.

Außerdem kostet die Übermittlung der Grafiken Zeit, und bei vielen Empfängern werden sie aus Sicherheitsgründen gar nicht erst angezeigt. Nicht selten wird der Text in einer festen Breite formatiert und ist dann in einem kleineren Fenster nicht auf Anhieb zu lesen. HTML-Elemente können auch das Kopieren und Ausdrucken eines Textes erschweren. Deshalb ist es empfehlenswert, auf Abbildungen und Formatierungen weitestgehend zu verzichten. Ein dezenter Einsatz der Gestaltungsmöglichkeiten, zum Beispiel eine etwas größere Schriftart und die Einfärbung der Überschriften, ist dagegen durchaus sinnvoll. Sie können auch ganz auf HTML-Formatierungen verzichten und die Pressemitteilung als „Nur-Text" versenden. Bei längeren Texten wirkt das aber vergleichsweise unübersichtlich.

Beim Versand von E-Mails an einen größeren Verteiler können Sie große Verärgerung auslösen, wenn Sie die Adressen der Empfänger einfach in das CC-Feld eingeben. Dann kann nämlich jeder die E-Mail-Adressen aller anderen erkennen und kopieren. Journalisten sind sensibilisiert für den Missbrauch der eigenen Daten und sehen so etwas als schweren Fauxpas. Verschicken Sie die Pressemitteilung stattdessen an sich selbst und setzen Sie die Adressen der anderen Empfänger in das BCC-Feld. „BCC" steht für „Blind carbon copy", die hier eingetragenen Empfänger-Adressen bleiben unsichtbar.

Allerdings kommt es bei dieser Methode häufig dazu, dass der gesamte Versand zurückgewiesen wird, wenn eine einzige Adresse nicht mehr gültig ist. Dann beginnt die Suche nach der ungültigen Adresse, und schnell kann es passieren, dass Sie die Pressemitteilung mehrfach an einen Verteiler verschicken – oder aber die Pressemitteilung eine ganze Reihe von Journalisten gar nicht erreicht ...

Beim Anlegen von Verteilerlisten ist ebenfalls Vorsicht angebracht. In Outlook können Sie solche Listen unter „Datei"/„Neu" anlegen und ihnen bestehende (und neue) E-Mail-Adressen zuordnen. Künftig reicht es dann beim Versand aus, den Namen des Verteilers anzugeben, statt alle Adressaten einzeln anzuklicken. Aber: Wenn Sie diese Liste in das Feld „An:" oder „CC:" übertragen, werden die Empfänger nicht den Namen des Verteilers, sondern wiederum die E-Mail-Adressen aller Adressaten sehen. Fügen Sie daher auch Verteilerlisten nur unter „BCC:" ein!

Noch gefährlicher ist es, wenn Sie bei einem Internetprovider eine Verteilerliste anlegen, zum Beispiel presseverteiler@firma-xy.de. Der Empfänger sieht dann zwar nur diese Verteileradresse, doch wenn er ebenfalls an diese Adresse mailt, erhalten alle Adressaten seine Nachricht. Und einige schicken dann wahrscheinlich ihre Beschwerde per E-Mail an diesen Verteiler, diese Nachricht erhalten dann wieder alle Empfänger, so geht es immer weiter – und Sie machen sich richtig unbeliebt ... Deshalb gilt auch für solche Verteiler: nur unter „BCC:" erlaubt!

Professionell ist es, für den Versand ein spezielles Serienmail-Programm zu verwenden. Darin können Sie die für die jeweilige Aktion selektierten Kontaktdaten direkt aus Ihrer Verteilerliste übernehmen und die Pressemitteilung personalisieren. Jede E-Mail wird einzeln versendet, so lassen sich

Fehler schnell lokalisieren. Und wenn sich eine Nachricht nachträglich als unzustellbar erweist, gibt es ein eigenes Programm, das die Verarbeitung von entsprechenden Fehlermeldungen, der „Bounces", erleichtert. Mehr Informationen zu derartigen Programmen, die Sie auch für ganz normale Mailingaktionen an (potenzielle) Kunden einsetzen können, finden Sie unter www.jeder-ist-unternehmer.de/serienmail.

## Lohnt sich die Nutzung von Presseportalen im Internet?

Haben Sie schon von openPR gehört? Immer mehr Gründer und Selbständige nutzen PR-Portale im Internet, um Ihre Mitteilungen zu veröffentlichen. Als Vorbild hierfür dient ots, der Originaltext-Service von dpa (www.presseportal.de). Eine Veröffentlichung dort kostet mindestens 350 Euro, dafür wird der Dienst tatsächlich von vielen Journalisten genutzt.

**Gut zu wissen**

### Was verbirgt sich hinter ots?

Die dpa ist Marktführer in Deutschland. Mit deutlichem Abstand folgen The Associated Press (AP), Reuters, Agence France-Presse (AFP) und der Deutsche Depeschendienst (ddp). Während die dpa ihren Kunden, zu denen alle wichtigen Medien in Deutschland gehören, durch ihre Mitarbeiter recherchierte Nachrichten schickt, hat sich die dpa-Tochter „news aktuell" seit ihrer Gründung im Jahr 1990 auf die Übermittlung von Originalpressemeldungen („Originaltext") spezialisiert.

Ursprünglich waren die Pressemeldungen kaum von Agenturmeldungen zu unterscheiden. Auch heute noch wird ots über den dpa-Ticker an Printmedien, TV und Radio, Online-Medien und Nachrichtenagenturen versendet, zusätzlich gehen die Meldungen per E-Mail an rund 30.000 akkreditierte Journalisten und Brancheninteressierte sowie per RSS-Feed an über eine Million Abonnenten.

Zu preiswerten Alternativen haben sich folgende Presseportale entwickelt:

- www.openPR.de
- www.pressetext.de
- www.businessportal24.com
- www.news-ticker.org

- www.firmenpresse.de
- www.pressemitteilung.ws
- www.news4press.com
- www.pressrelations.de

Eine umfassende Liste solcher Presseportale, die laufend aktualisiert wird, finden Sie unter www.jeder-ist-unternehmer.de/presseportale.

Viele davon veröffentlichen Pressemitteilungen kostenlos, andere verlangen eine Gebühr, die jedoch deutlich niedriger liegt als bei ots. Für IT- und Internetthemen gibt es sogar spezialisierte Presseportale, zum Beispiel unter www.pressebox.de und www.press1.de (kostenpflichtig). Journalisten (und jeder andere auch) können die veröffentlichten Pressemitteilungen durchsuchen oder Meldungen zu bestimmten Themen oder Stichworten abonnieren. Allein openPR hält mehr als 300.000 Pressemitteilungen von über 80.000 Autoren online bereit und hat – gemessen an der Zahl der Besucher nach eigenen Angaben – zeitweise sogar ots überholt.

Fast alle PR-Portale geben ihre Meldungen automatisch an Google News weiter, was für zusätzliche Verbreitung und bessere Auffindbarkeit auch in der Suchmaschine von Google sorgt. Beachten Sie dabei, dass einige der Portale nur dann auf Sie verlinken, wenn Sie Ihrerseits auf das Presseportal einen Link setzen. Das Kalkül der Anbieter: Eine Vielzahl von Links auf das eigene Presseportal bringt nicht nur Bekanntheit und mehr Besucher auf direktem Weg von den Partnersites, sondern führt auch zu einem verbesserten Ranking in den Trefferlisten von Suchmaschinen wie Google (mehr zu diesem Thema im folgenden Kapitel). Einige Presseportale vermarkten den so erworbenen guten Suchrang sogar aktiv, indem sie für die Verlinkung von ihren Seiten auf die Seite des Partners Geld verlangen.

Entscheidend für die Pressearbeit ist allerdings letztlich, ob die Leser des Presseportals tatsächlich Journalisten sind und wie es um die Qualität der Pressemitteilungen auf der Plattform bestellt ist. Die meisten Journalisten ziehen Quellen wie ots vor, gerade weil der Absender einer Pressemitteilung etwas zahlen muss: Damit ist er gezwungen, sich genau zu überlegen, ob und was er veröffentlicht. Dienste wie openPR haben das erkannt. Sie verlangen zwar keine Einstellgebühr, prüfen aber jede Pressemitteilung vor der Veröffentlichung auf ihre inhaltliche Qualität. Ablehnungsgründe sind zum Beispiel Sprachgebrauch, der zu nahe an Werbung heranreicht, oder Rechtschreib- und Formatierungsfehler.

Wenn Ihnen keine Kosten entstehen, kann es ja nicht schaden, die Pressemitteilung bei einer oder mehreren PR-Plattformen einzustellen. Auf jeden Fall werden Sie auf diese Weise im Internet besser gefunden – von Interessierten und vielleicht auch dem einen oder anderen Journalisten. Die Veröffentlichung Ihrer Pressemitteilung in einem solchen Portal ersetzt allerdings nicht den Versand an Ihren eigenen Presseverteiler.

Wenn Sie eine besonders interessante Pressemitteilung erarbeitet haben, dann sollten Sie auf jeden Fall zusätzlich die Investition für eine ots-Veröffentlichung erwägen. Damit ist zum einen der Vorteil verbunden, dass Sie Ihren Verteiler erweitern können, wenn sich daraufhin Ihnen noch unbekannte Journalisten, die das Geschehen bei ots aufmerksam verfolgen, melden. Zum anderen könnte es sein, dass dpa-Journalisten auf Ihre Meldung aufmerksam werden und daraus eine eigene Geschichte machen. Die Weitergabe über den dpa-Ticker ist ein Qualitätssiegel und kann zu viel mehr Veröffentlichungen führen, als Sie je über Ihren Verteiler erreichen könnten. Wenn Sie ein spannendes, vielleicht sogar bundesweit relevantes Thema aufgreifen, können und sollten Sie Ihre Pressemitteilungen auch direkt an Presseagenturen mailen.

**Gut zu wissen**

### Warum sich die Zusammenarbeit mit einer Agentur lohnen kann

Wenn Sie in Ihre Pressearbeit nicht nur Arbeitszeit, sondern auch Geld investieren wollen, dann überlegen Sie, ob es sinnvoll ist, professionelle Unterstützung in Anspruch zu nehmen. PR-Berater und -Agenturen verursachen zwar Kosten, nehmen Ihnen aber auch viel Arbeit ab. Sie verfügen über selbstentwickelte Verteiler, langjährige Kontakte zu Journalisten und haben Zugriff auf Datenbanken wie die von Zimpel und Stamm. Zudem können sie zu günstigeren Konditionen als Sie auf Dienste wie ots und Ausschnittdienste zugreifen, denn sie bündeln die Nachfrage mehrerer Kunden (mehr dazu erfahren Sie in Kapitel 10).

## So entwickeln Sie Ihren Verteiler systematisch weiter

Viele Unternehmen bauen mit großem Aufwand einen Presseverteiler auf, nehmen sich anschließend aber nicht die Zeit, ihn zu pflegen. Da die Ansprechpartner schnell wechseln, kommen immer mehr Meldungen nicht an, und die Resonanz auf die Pressemitteilungen lässt nach. Dabei ist es gar nicht schwer, den Verteiler auf dem Laufenden zu halten und sogar auszubauen. Die folgenden Tipps helfen Ihnen dabei, sich die regelmäßige Pflege zur Gewohnheit zu machen.

### Reagieren Sie auf Änderungen unmittelbar

Wenn ein Ansprechpartner wechselt, erfahren Sie dies oft dadurch, dass Sie auf Ihre E-Mail mit der Pressemitteilung eine Fehlermeldung erhalten. Lesen Sie sie, vielleicht ist ja nur das Postfach des Empfängers voll. Dann können Sie die Pressemitteilung per Fax noch einmal verschicken. Ansonsten sollten Sie anrufen, um herauszufinden, ob nun ein anderer Ansprechpartner für Sie zuständig ist. Wenn Sie schnell reagieren, erfahren Sie nicht nur, wer das ist, sondern auch gleich noch, wohin es Ihren bisherigen Kontakt verschlagen hat. So stehen Sie am Ende des Gesprächs vielleicht mit zwei aktuellen Pressekontakten statt mit einem veralteten da. Ebenso kommt es vor, dass ein Journalist oder eine Journalistin Sie von sich aus über einen Wechsel informiert. Nehmen Sie das zum Anlass, ihr in einer kurzen Nachricht für die gute Zusammenarbeit zu danken und sich zu erkundigen, wie Sie sie künftig am besten erreichen und wer ihr nachfolgt.

Zur Verteilerpflege gehört es auch, Abbestellungen ernst zu nehmen. Löschen Sie die betreffenden E-Mail-Adressen sofort aus dem Verteiler. Ein Journalist, der gegen seinen ausdrücklichen Wunsch weiter Pressemitteilungen erhält, kann für erheblichen Schaden sorgen, zum Beispiel, indem er seine negative Meinung über Sie an andere weitergibt. Sie können in eine solche Situation auch unbeabsichtigt geraten, wenn Sie Ihren Presseverteiler nicht professionell verwalten und Abbestellungen nicht sofort bearbeiten. Sehen Sie am besten vor jeder Versandaktion die Liste der Empfänger durch. Wenn Sie bei einem Kontakt nicht ganz sicher sind, ob er noch aktuell ist, können Sie dies gleich telefonisch abklären.

### So erweitern Sie Ihren Verteiler

Achten Sie bei Ihrem eigenen Medienkonsum darauf, wer sich zu den Themen äußert, die für Sie interessant sind. Machen Sie es sich auch zur Gewohnheit, ins Impressum von Zeitungen, Zeitschriften und Online-Medien zu schauen, an die Sie Pressemitteilungen schicken. So werden Ihnen die Namen der relevanten Personen und ihre Aufgaben geläufig, und Sie stellen frühzeitig fest, wenn sich organisatorisch etwas ändert. Das kann einen guten Anlass bieten, dass Sie als aufmerksamer Leser bei Ihrem Ansprechpartner nachfragen.

Ist Ihre Pressearbeit erfolgreich, werden Sie nicht nur häufig Journalisten anrufen, sondern auch von einigen angerufen werden. Werfen Sie bei solchen Gesprächen nach Möglichkeit einen Blick in Ihre Kontaktdatenbank und vervollständigen Sie noch fehlende Angaben. Fragen Sie nach, ob sich an den Zuständigkeiten etwas geändert hat, wenn Sie nicht ganz sicher sind. Selbst dann, wenn sich bei Ihrem direkten Gesprächspartner nichts getan hat, erfahren Sie bei dieser Gelegenheit vielleicht zufällig etwas über Neuigkeiten in Nachbarredaktionen.

Bei Erstkontakten, zum Beispiel, wenn ein Ihnen noch unbekannter Journalist auf Ihre Pressemitteilung reagiert, sollten Sie darauf achten, dass Sie neben Medium und Name immer auch zumindest die Telefonnummer und E-Mail-Adresse notieren. So können Sie ihn in Ihren Verteiler aufnehmen und bei Bedarf kontaktieren. Das klingt wie eine Selbstverständlichkeit, aber oft ist man in solchen Situationen ein wenig aufgeregt und konzentriert sich allein darauf, die Fragen des Journalisten bestmöglich zu beantworten. Es ist ärgerlich, wenn sich ein vielversprechender Kontakt nicht mehr nachverfolgen lässt, nur weil man zum Beispiel im konkreten Fall nicht weiterhelfen konnte und vergessen hat, die Telefonnummer zu notieren.

**Tipp**
**Nehmen Sie neue Medien**
**frühzeitig in den Verteiler auf**

Der Medienbeobachtungsdienst LandauMedia (www.landaumedia.de) verfolgt, welche Medien neu erscheinen und welche eingestellt werden. Er berichtet darüber auf seiner Website unter der Rubrik „Medienmarkt". Wenn Sie diesen kostenlosen Service nutzen, sind Sie immer auf dem neuesten Stand und können Ihren Verteiler auf dem Laufenden halten.

Ein weiterer Anlass, Ihren Presseverteiler zu erweitern, ergibt sich, wenn Sie kurz davorstehen, eine Pressemitteilung zu versenden. Für wen könnte diese spezielle Meldung noch interessant sein? Nehmen Sie sich vor, bei jeder Aktion eine bestimmte Zahl vorhandener und neuer Kontakte anzurufen. Zum Beispiel nehmen Sie zu drei Medien Kontakt auf, für die Ihre Mitteilung ebenfalls interessant sein könnte, und fragen dort nach dem richtigen Ansprechpartner. Und Sie rufen drei Journalisten an, die bereits im Verteiler sind, mit denen Sie aber schon länger nicht telefoniert haben.

## Fragen Sie aktiv bei Ihren Kontakten nach

Ermuntern Sie die Journalisten, mit denen Sie zu tun haben, Ihnen Feedback zu geben. Wenn Sie Ihre Pressemitteilungen an einen größeren Verteiler versenden, ist es schwierig, mit allen Empfängern kontinuierlich in Kontakt zu bleiben. Um Karteileichen auszusortieren, können Sie in Abständen von zwei bis drei Jahren per E-Mail einen Fragebogen verschicken, den die Journalisten online ausfüllen oder zurückfaxen können. Oder Sie starten eine Telefonaktion und rufen alle Kontakte an.

Insbesondere beim anonymeren Fragebogenversand per E-Mail besteht die Möglichkeit, dass mehrere Adressaten Ihre Pressemitteilungen abbestellen, doch insgesamt überwiegen die Vorteile. Fragen Sie auch nach, an welchen angrenzenden Themen Interesse besteht. Oft erhalten Sie Hinweise auf Inhalte, an die Sie gar nicht gedacht hätten, zu denen aber gerade ein Beitrag vorbereitet wird. Indem Sie sich telefonisch oder mit einem Fragebogen bei Ihren Kontakten melden, bringen Sie sich und Ihre Themenkompetenz in Erinnerung und erneuern die Erlaubnis, sich mit Pressemitteilungen und anderen Veröffentlichungsangeboten an die einzelnen Journalisten wenden zu dürfen.

# 6. Pressearbeit ist Networking

Das wichtigste Erfolgsgeheimnis erfolgreicher Pressearbeit ist Networking. Hier erfahren Sie, wie Sie eine Vertrauensbasis zu Journalisten aufbauen und die persönliche Beziehung von Kontakt zu Kontakt vertiefen. Wenn Ihnen das gelingt, werden Sie von der Presse angerufen und als Gesprächspartner weiterempfohlen, statt sich selbst ins Gespräch bringen zu müssen.

Sie haben Ihre erste Pressemitteilung versendet. Ihre Meldung hat Nachrichtenwert, sie entspricht journalistischen Stilregeln, und Sie haben sie zielgenau an die zuständigen Ansprechpartner verschickt. Jedes Mal, wenn nun das Telefon klingelt, rechnen Sie damit, dass am anderen Ende der Leitung ein Journalist sein könnte, der Ihnen ergänzende Fragen stellen möchte. Sie sind bestens vorbereitet ... Tatsächlich passiert erst einmal gar nichts. Im Verlauf der nächsten Tage kann es zwar den einen oder anderen Anruf kleinerer Medien geben, vielleicht klappt es auch mit einem Artikel in der regionalen Tageszeitung. Aber eigentlich haben Sie sich mehr erhofft.

Seien Sie nicht enttäuscht, wenn das Echo auf Ihre ersten Pressemeldungen noch bescheiden ist. Versetzen Sie sich in die Journalisten hinein, die Ihre Pressemitteilung erhalten haben. Sie kennen Sie nicht – abgesehen vielleicht von dem kurzen Anruf, als Sie wegen der Zusendung der Pressemitteilung nachgefragt haben. Das bedeutet, sie sollen die Meldung eines/einer Unbekannten veröffentlichen. Und damit gehen sie – je nach Thema – ein erhebliches Risiko ein.

## Wie glaubwürdig ist ein Unbekannter?

Wenn Sie über Ihre Firmengründung berichten und Ihr Angebot beschreiben, wird ein Journalist diese Tatsache an sich nicht weiter hinterfragen. Anders sieht es aus, wenn es um Behauptungen wie beispielsweise „Das Geschäftskonzept hat sich bereits im Ausland bewährt", „Mein Unternehmen hat bereits drei Arbeitsplätze aufgebaut", „Meine Produkte sind billiger oder besser als andere" oder „Unsere Produkte haben gesundheitsfördernde Wirkung" geht.

Auch wenn Sie eine Studie veröffentlichen, die Sie selbst angefertigt haben, wirft das Fragen auf: Wer garantiert, dass Sie methodisch korrekt vorgegangen sind? Oder dass Sie überhaupt jemanden befragt und die Ergebnisse nicht frei erfunden haben?

Vielleicht treffen Sie Aussagen zu politischen, wirtschaftlichen oder gesellschaftlichen Entwicklungen: Was berechtigt Sie dazu? Warum sollte Ihre Meinung für andere von Interesse sein? Sie könnten ja ein Querulant sein oder jemand, der mit seriösem Auftreten zunächst einmal eine extreme Meinung verbirgt.

Wenn Sie über die Auswirkungen einer Gesetzesänderung oder über eine technische Entwicklung berichten, geht es um eine ähnliche Problematik. Wie soll ein/e fachfremde/r Journalist/in beurteilen, ob Sie die nötigen Kompetenzen hierzu besitzen?

Machen Sie sich zudem bewusst, dass sehr viele Journalisten, vor allem diejenigen, die für tagesaktuelle Medien arbeiten, Generalisten sind. Sie müssen ein breites Themenspektrum abdecken, daher fehlt ihnen in der Regel die Zeit, sich in jedes einzelne Thema detailliert einzuarbeiten. Aus diesem Grund werden sie bevorzugt Informationen aufgreifen, die relativ leicht zu überprüfen sind oder von einem glaubwürdigen Gesprächspartner stammen.

Genau an dieser Stelle kommt das Thema Networking ins Spiel: Wer nicht gerade als Pressevertreter für ein großes Unternehmen oder eine staatliche Organisation arbeitet, muss zunächst ein Vertrauensverhältnis zur Presse aufbauen. Dabei kann es sehr hilfreich sein, andere Personen mit größerer Glaubwürdigkeit als Fürsprecher zu gewinnen. Genau das erreichen Sie mit Networking. Es kann daher nicht überraschen, dass PR-Profis immer auch Power-Netzwerker sind. Machen Sie sich klar, dass es bei Networking nicht darum geht, sich einen unlauteren Vorteil zu verschaffen. Vielmehr steht hierbei im Vordergrund, dass Ihre Glaubwürdigkeit von einem Journalisten, mit dem Sie gemeinsame Bekannte haben, besser zu prüfen und einzuschätzen ist als die eines Unbekannten.

## Kontinuität schafft Vertrauen

Der klassische Weg, um Vertrauen und Bekanntheit zu gewinnen, führt darüber, regelmäßig Pressemitteilungen zu versenden und Journalisten verlässliche Informationen bereitzustellen. So zeigen Sie, dass Sie Zeit und Geld in die Beziehung mit den Journalisten investieren. Dadurch gewinnen Sie an Glaubwürdigkeit, denn Sie würden das aufgebaute Vertrauen sicher nicht leichtfertig riskieren.

Am besten verschicken Sie alle zwei bis drei Monate eine Pressemeldung an Ihre Kontakte – natürlich nur, wenn Sie so häufig etwas zu sagen haben. Auf diese Weise bleiben Sie den Journalisten im Gedächtnis, ohne sie zu nerven. Auf dieser Frequenz beruhen Faustregeln wie die, dass Pressearbeit meist nach sechs Monaten beziehungsweise nach zwei bis drei Mitteilungen erste Wirkung zeigt und dass nach zwei Jahren Journalisten beginnen, aktiv bei Ihnen anzurufen. Pressearbeit erfordert Geduld und einen langen Atem, wenn sie erfolgreich sein soll.

## Wie Sie schnell gute Pressekontakte herstellen

Wenn Sie verstehen, wie Journalisten denken, können Sie die eine oder andere Abkürzung nehmen, um erste Kontakte zu knüpfen und Ihre Glaubwürdigkeit zu stärken.

### Kooperation

Sie als Gründer, Selbständiger oder kleine Organisation sind noch unbekannt, hingegen gelten viele andere Stellen als unmittelbar glaubwürdig: zum Beispiel die Stadt Wiesbaden, der Wirtschaftsdezernent, die Presseabteilung der Sparkasse, der Lehrstuhl für Verkehr und Wirtschaft, das etablierte Frauennetzwerk ABC, die bekannte Expertin XYZ. Wenn Sie mit solchen Stellen und Personen zusammenarbeiten, gewinnen Sie sofort mehr Glaubwürdigkeit. Noch besser ist es, wenn Ihre Pressemitteilung vom Kooperationspartner versendet wird, zumal Sie dann auch von dem größeren, etablierten Verteiler dort profitieren.

### Einfache Prüfung

Wenn Sie Ihre Pressemitteilung selbst versenden, dann holen Sie auf jeden Fall die Erlaubnis ein, darin einen Ansprechpartner des Kooperationspartners samt Kontaktdaten nennen zu dürfen. Das vereinfacht den Journalisten die Nachrecherche und erhöht Ihre Glaubwürdigkeit.

### Internetpräsenz

Ein Journalist wird – genau wie Sie wahrscheinlich auch – zunächst einmal im Internet, sehr wahrscheinlich bei Google, nachschauen, welche Informationen er über Sie und Ihr Unternehmen finden kann. Wenn er dabei auf eine seriös gestaltete Website mit umfangreichen Informationen zum relevanten Thema stößt, wird dies das Vertrauen in Sie deutlich erhöhen.

Die schnelle Auffindbarkeit über Suchmaschinen wie Google und viele Treffer sorgen ebenfalls für mehr Glaubwürdigkeit. Zusätzlicher Nutzen: Die Chancen steigen, dass die Journalisten bei der Recherche über ein von Ihnen besetztes Thema von ganz allein auf Sie treffen.

### Beteiligung an Diskussionsforen

Einen Expertstatus können Sie auch entwickeln, indem Sie sich in Networking-Portalen wie XING und anderswo im Internet in Diskussionsforen engagieren. Ebenso ist es hilfreich, in Expertenportalen wie www.wer-weiss-was.de Ihren Rat anzubieten. Das erfordert ein gewisses zeitliches Engagement, lohnt sich aber.

## Publikationen

Noch wertiger ist es, wenn Sie in Fachzeitschriften Beiträge publizieren oder gar ein Buch zu Ihrem Thema schreiben, insbesondere wenn dieses in einem angesehenen Verlag erscheint. Der Journalist oder die Journalistin kann dann im Artikel zum Beispiel auf Ihr Buch verweisen. Das ist nicht nur kostenlose Werbung für Sie, sondern auch eine Absicherung für die Person, die den Text verfasst hat. Mit einem solchen Gesprächspartner kann nicht viel falsch laufen. Deshalb werden Buchautoren so häufig als Experten interviewt.

## Ihr Hintergrund

Viele Menschen, die in der Presse stehen, beziehen ihre Kompetenz und Glaubwürdigkeit aus ihrer Position und dem Unternehmen, für das sie arbeiten. Als Gründer oder Selbständigem steht Ihnen dieser Weg allerdings nur eingeschränkt offen. Sie können Ihre Karrierestationen als Hintergrundinformation angeben, sollten aber nicht zu viel Gewicht darauf legen. Der Presse kommt es vor allem darauf an, welche Position Sie heute haben. Nutzen Sie Ihre Kontakte zu früheren Arbeitgebern und Kollegen besser dazu, Empfehlungen oder Referenzkunden zu gewinnen.

## Empfehlungen

Glaubwürdig sind Sie natürlich auch dann, wenn ein Journalist durch eine Empfehlung auf Sie aufmerksam geworden ist. Beachten Sie dabei, dass die Fürsprache anderer kein Gottesgeschenk ist, sondern das Ergebnis harter Arbeit. Wenn Sie Ihre Kunden nicht nur zufriedenstellen, sondern begeistern, stehen die Chancen gut, dass Sie weiterempfohlen werden, auch an Journalisten. Sie können zufriedene Kunden auch aktiv um Empfehlungen bitten.

## Vorträge halten

Vorträge bieten einen guten Anlass, um Pressemitteilungen zu versenden. Sie werden durch solche Veranstaltungen für die Journalisten besser greifbar und bauen Vertrauen auf, selbst wenn einige von ihnen dann doch keine Zeit haben, vorbeizukommen. Wenn sie später einmal nach einem Gesprächspartner zu Ihrem Thema suchen, werden sie sich dennoch an die Veranstaltung erinnern und auf Sie zukommen.

## Gemeinsame Veranstaltungen mit anderen

Wenn sich weniger bekannte Experten zusammentun, um gemeinsam eine größere Veranstaltung zu organisieren, so kann dies die Glaubwürdigkeit aller Beteiligten deutlich erhöhen. Hinzu kommt, dass dann unterschiedlichste Kompetenzen zusammenwirken und Synergien erzeugen: Der eine ist bekannter, die andere hat Erfahrung bei der Pressearbeit, der dritte verfügt über gute Kontakte. Überlegen Sie doch auch, ob Sie zusätzlich einen noch bekannteren Experten, als Sie es sind, für die Veranstaltung gewinnen können.

## In Kürze: So punkten Sie bei Journalisten

Mit der Kontaktaufnahme haben Sie den ersten Schritt getan. Anschließend gilt es, aus den vielversprechenden Anfängen langfristig gute Beziehungen zu entwickeln, um nach und nach ein Pressenetzwerk aufzubauen. Hierbei helfen Ihnen folgende Anregungen, die schon Erwähntes und Neues für Sie auf den Punkt bringen.

1. Gehen Sie mit der richtigen Erwartungshaltung auf Journalisten zu. Akzeptieren Sie die Rollen- und Arbeitsteilung: Sie unterbreiten ein Angebot, lassen den Journalisten aber die Entscheidung, wie sie damit umgehen.

2. Geben Sie den Anfragen von Journalisten hohe Priorität, machen Sie aber keine falschen Versprechungen. Wenn Sie gerade im Stress sind, dann fragen Sie, bis wann der Journalist Ihren Input benötigt. Oft ist Ihrem Gesprächspartner mit einer kurzen telefonischen Auskunft mehr geholfen als mit einer ausführlichen schriftlichen Ausarbeitung, auf die er lange warten muss.

3. Seien Sie berechenbar. Journalisten arbeiten oft unter großem Zeitdruck und sind darauf angewiesen, dass Sie Termine und Zusagen einhalten. Wenn Sie nicht sicher sind, ob Sie die Bitte einer Journalistin erfüllen können, sagen Sie ehrlich, wie es ist: „Ich will es versuchen, kann es aber nicht versprechen."

4. Suchen Sie sich Gesprächspartner, die zu Ihnen passen: Wenn Sie ein eher sachlicher, ruhiger Typ sind, dann werden Sie vor allem bei klassischen Print- und Online-Medien punkten. Wenn Sie sich kämpferisch-aggressiv gegen eine Meinung oder eine Organisation stellen, dann haben Sie gute Chancen, bestimmte TV-Formate oder die Boulevardpresse zu erreichen.

5. Werden Sie zum Tippgeber. Weisen Sie Ihre Pressekontakte auf neue Trends in Ihrer Branche hin, die Sie als Insider wahrscheinlich frühzeitig erkennen. Die Medien sind immer auf der Suche nach neuen, aktuellen Themen. Wenn ein Journalist auf das Thema anspricht, stehen die Chancen ziemlich gut, dass er Sie in seinem Artikel erwähnen wird.

6. Viele Selbständige glauben, Pressearbeit sei nur etwas für „Große". Nur größere Organisationen zum Beispiel könnten eine aufwendige Studie veröffentlichen. Das ist sicher richtig, aber häufig sind die Ergebnisse dann nur schwer zugänglich, die Veröffentlichungen sind sehr umfangreich und schwer zu interpretieren. Betätigen Sie sich dann als „Übersetzer", der immer weiß, welche Studie aktuell ist, und das Wesentliche verständlich wiedergeben kann.

7. Trauen Sie sich was: Nicht das perfekte Motiv in Form eines Hochglanzfotos gewinnt, sondern das mit der witzigen Idee.

8. Suchen Sie bei jedem Gespräch Ansatzpunkte, wie Sie Ihre Kontakte bei ihrer Arbeit unterstützen können. Fragen Sie zum Beispiel danach, für welche Themen sich eine Journalistin derzeit generell oder im Rahmen einer Sonderveröffentlichung interessiert. Verfügen Sie über Informationen hierzu? Oft ergibt sich beim Gespräch über einen Artikel gleich die Idee für einen weiteren Beitrag. Inputs zu Themen, die bereits auf der Agenda der Journalistin oder der Redaktion stehen, eröffnen sehr viel bessere Veröffentlichungschancen als Pressemitteilungen, die Sie unverlangt einsenden. Es ist so, als würden Sie sich für eine bisher nur intern ausgeschriebene Stelle bewerben, statt eine Initiativbewerbung zu schicken.

9. Nehmen Sie regelmäßig Verbindung zu Ihren A-Kontakten auf. Faustregel: Mindestens alle sechs Monate sollten Sie miteinander telefonieren, auch dann, wenn es nichts Geschäftliches zu besprechen gibt. Im Gegenteil: Sie wollen doch nicht immer nur anrufen, wenn Sie die Unterstützung des anderen benötigen, oder?

**10.** Erkunden Sie, in welchen Netzwerken an Ihrem Wohnort sich Journalisten, PR- und Marketingleute bewegen. Journalisten, mit denen Sie sich gut verstehen, können Sie gelegentlich zum Mittagessen treffen. Wenn Ihr Kontakt in einer anderen Stadt wohnt, machen Sie einfach rechtzeitig vor Ihrer nächsten Geschäftsreise dorthin einen Termin mit ihm aus.

**11.** Stellen Sie Kontakte her: Helfen Sie Journalisten bei der Suche nach Interviewpartnern, auch wenn zunächst nur diese in der Veröffentlichung erscheinen. Sie tun damit gleich zwei Personen einen Gefallen und pflegen den Kontakt.

Sie haben es sicher erkannt, der Erfolg Ihrer Pressearbeit hängt entscheidend davon ab, ob es Ihnen gelingt, direkte oder indirekte Kontakte zu Journalisten aufzubauen. Denn zumeist lässt sich Glaubwürdigkeit und Kompetenz nur über bestehende vertrauensvolle Beziehungen und Empfehlungen vermitteln.

# 7. Nutzen Sie das Internet für Ihre Pressearbeit

Pressearbeit hat sich durch das Internet erheblich verändert.
Es ist einfacher geworden, Pressemitteilungen zu versenden und
zu veröffentlichen. Andererseits führt dies zu einer Informationsflut,
vor der sich Journalisten zunehmend abschotten. Wir zeigen,
wie Sie trotzdem Gehör finden und die Chancen, die das Internet
bietet, für sich nutzen können.

Pressearbeit und Journalismus haben sich in den letzten Jahren stark verändert. Denken Sie nur an den Versand. Inzwischen ist es eine Selbstverständlichkeit, Pressemitteilungen per E-Mail zu verschicken. Vorteile: Effizienz und Chancengleichheit – jeder kann Pressemitteilungen auf einfachste Weise versenden. Nachteil: Jeder tut es und trägt so zu einer gewaltigen Informationsüberflutung bei. Es wird immer schwieriger, mit einzelnen Pressemitteilungen tatsächlich zu den Journalisten durchzudringen.

Es gibt aber auch den umgekehrten Effekt: Wenn erst einmal die Neugier eines Journalisten geweckt ist, sucht er aktiv nach Ihnen im Internet, er informiert sich auf Ihrer Website und in Ihrem Pressebereich. Vielleicht liest er Ihr Weblog und abonniert sogar Ihren Newsletter, wenn er sich davon Anregungen für seine Arbeit erhofft. Die Entwicklung ist ähnlich wie bei der Werbung: Wir stumpfen zunehmend gegen die verschiedenen Formen der Werbung ab, zugleich suchen wir im Internet aktiv nach Produktinformationen und hinterlassen bereitwillig unsere persönlichen Daten, wenn wir uns einen echten Nutzen versprechen. Erfahren Sie nun, wie Sie diesem Wandel im Verhalten der Journalisten Rechnung tragen und welche Chancen sich daraus für Sie ergeben.

## Richten Sie auf Ihrer Website einen Pressebereich ein

Wenn interessierte Journalisten Ihre Website besuchen, um mehr über Sie zu erfahren und die Glaubwürdigkeit Ihrer Informationen besser einschätzen zu können, heißt das für Sie zweierlei: Zum einen sollte Ihre Website als Ganzes einen seriösen und dem Geschäftszweck angemessenen Eindruck machen. Fallen Sie dabei aber nicht dem Perfektionismus zum Opfer: Beschränken Sie sich auf die absolut notwendigen Texte in aktueller Form, als eine veraltete Website anzubieten, die „demnächst irgendwann" überarbeitet werden soll. Es kann hilfreich sein, eine Website in Form eines Blogs zu führen (mehr dazu ab Seite 136 ff.), da dann die Aktualisierung leichter fällt. Zum anderen können Sie bei den Journalisten punkten, wenn Sie einen eigenen, leicht auffindbaren Pressebereich anbieten. Nennen Sie den Menüpunkt schlicht „Presse" und stellen Sie sicher, dass er auf jeder Seite des Auftritts leicht zu erkennen ist. Wenn Besucher die Tasten „Strg" und „F" drücken und nach „Presse" suchen, sollten sie auf dem entsprechenden Link landen.

## Was sollte im Pressebereich zu finden sein?

Die wichtigste Information, die Sie im Pressebereich angeben sollten: Ihre Kontaktdaten. Verzichten Sie auf ein Kontaktformular und geben Sie stattdessen Telefonnummer und E-Mail-Adresse an. Überlassen Sie es den Journalisten, auf welchem Weg sie Sie ansprechen. Bei einem Kontaktformular ist unklar, bei wem genau die eingegebene Nachricht ankommt und bis wann mit einer Antwort gerechnet werden kann. Journalisten ziehen es meistens vor, direkt eine E-Mail zu schicken oder in dringenden Fällen anzurufen. Wenn Sie wollen, können Sie für Ihre Pressearbeit eine eigene E-Mail-Adresse vom Typ presse@firma.de einrichten. Eventuell sorgen Sie sogar dafür, dass Sie per SMS benachrichtigt werden, wenn eine Nachricht eintrifft. Auf diese Weise bringen Sie die Bedeutung zum Ausdruck, die Sie Presseanfragen beimessen.

Des Weiteren sollten Sie Ihre Pressemeldungen in den Pressebereich Ihrer Website einstellen. Eine Journalistin, die vielleicht nur Ihre neueste Mitteilung kennt, kann sich dann ein Bild davon machen, wie häufig und zu welchen Themen Sie Pressemeldungen verschickt haben. Vielleicht kann sie einige Fakten aus einer älteren Pressemitteilung als Hintergrundinformation für die aktuelle Meldung verwenden. (In Kapitel 9 haben Sie ja bereits erfahren, was alles in eine Pressemappe hineingehört.)

Stellen Sie die Meldungen nicht als Word-Datei, sondern am besten im Rahmen einer normalen HTML-Seite zur Verfügung, damit die Leser nicht erst das entsprechende Programm öffnen müssen. Wenn Sie wollen, können Sie Ihr Factsheet, das Sie vielleicht schon erstellt haben, ebenfalls in Ihre „Online-Pressemappe" aufnehmen.

Der Pressebereich ist der richtige Platz, um zusätzliches Material zur Verfügung zu stellen: Fotos von Personen, Produkten, Veranstaltungen, Gebäuden, Ihr Logo in unterschiedlichen Größen (zur Einbindung auf anderen Websites) sowie Infografiken zur Illustration von Pressemitteilungen. Hier können die Journalisten das beste Motiv aussuchen und sich selbst bedienen. Trotzdem wird es häufig vorkommen, dass jemand Sie um die Zusendung eines Fotos bittet. Tun Sie ihm den Gefallen und schicken Sie das passende Foto schnell per E-Mail. Sie wissen bereits, Journalisten stehen oft unter Zeitdruck und kennen sich natürlich auf Ihrer Website nicht so gut aus wie Sie. Sie können ja einen Link zum Pressebereich mitschicken und darauf hinweisen, dass im Internet weitere Fotos zur Auswahl stehen. Oder Sie fragen beim Telefonat gleich nach: „Sitzen Sie gerade am

Computer? Dann kann ich Ihnen gleich mal zeigen, was ich zur Verfügung habe."

Machen Sie es den Journalisten so einfach wie möglich, denn oft scheitert der Abdruck eines Bildes nur daran, dass es nach Fertigstellung eines Beitrags nicht schnell genug zur Verfügung steht. Ein Bild kann die Wirkung eines Artikels aber ganz wesentlich erhöhen. Es wäre schade, wenn Sie eine solche Chance verpassen. Zeigen Sie auf der Website zunächst nur eine Vorschau des Bildes und bieten Sie eine hochaufgelöste Version für die Nutzung in Printmedien zum Download an.

**Gut zu wissen**

### Welche Bildauflösung benötigen die Journalisten?

Die am meisten verbreiteten Grafikformate im Internet sind GIF und JPG. Dabei handelt es sich um Rastergrafiken: Das Bild setzt sich aus einer Vielzahl von Farbpunkten (Pixeln) zusammen, die matrixförmig angeordnet sind. Für die Darstellung im Internet (also auch auf anderen Websites) genügt eine Auflösung von 72 dpi (Bildpunkte pro Zoll), während für Printmedien eine Auflösung von 300 dpi nötig ist. Eine höhere Auflösung bedeutet letztlich nichts anderes, als dass ein Bild aus mehr Bildpunkten besteht. Bei der Darstellung auf dem Monitor erscheint das Bild mit 300 dpi deshalb in Länge und Breite um den Faktor 4,3 größer als bei einer Auflösung von 72 dpi.

Gehört auch ein Pressespiegel mit Beiträgen, die über das Unternehmen veröffentlicht wurden, in den Pressebereich? Eigentlich sind solche Veröffentlichungen ja für alle Nutzer der Website interessant, nicht nur für Journalisten. Und: Wenn die Veröffentlichungen zeigen, dass ein bestimmtes Thema längst von anderen Medien aufgegriffen wurde, kann so ein Verzeichnis sogar kontraproduktiv sein. Trotzdem hat es sich allgemein eingebürgert, dass auch derartige „Trophäensammlungen" im Pressebereich untergebracht werden. Die Nutzer werden also zuerst an dieser Stelle danach suchen.

Beachten Sie, dass veröffentlichte Artikel dem Copyright des Journalisten und des jeweiligen Verlags oder Senders unterliegen. Ohne Erlaubnis dürfen Sie sie ebenso wenig veröffentlichen wie eine verkleinerte Version des Redaktionslogos (siehe Seite 164 f.).

Wenn Sie gelungene Veröffentlichungen zur Verfügung haben und die Zustimmung der Urheber vorliegt, sollten Sie diese auch in anderen Bereichen der Website gezielt einsetzen, um Ihre Glaubwürdigkeit bei den Nutzern der Website zu erhöhen. Denken Sie dabei auch an die Möglichkeit, Audio- und Videomitschnitte einzubinden.

## Diese Arbeit können Sie sich sparen

Pressemitteilungen, Bilder und andere Informationen im Pressebereich sind für alle Nutzer der Website gleichermaßen zugänglich. Vielleicht erwägen Sie daher, den Pressebereich durch Login und Passwort zu schützen, um Journalisten einen exklusiven Zugang zu bestimmten Informationen zu bieten. Widerstehen Sie dieser Versuchung, außer Sie verfügen wirklich über sehr hochwertige Informationen, die Sie den übrigen Besuchern nur gegen Bezahlung anbieten wollen. Die wenigsten Journalisten sind bereit, sich zu registrieren und sich ein weiteres Login zu merken. Sie brauchen die Informationen in der Regel sofort und wollen nicht erst abwarten, bis sie die Login-Daten zugesendet bekommen. Außerdem können durch Logins geschützte Informationen von den Suchmaschinen nicht indiziert und somit bei aktiver Recherche nicht gefunden werden – ein weiterer schwerwiegender Nachteil.

Teilweise versuchen Unternehmen den Journalisten einen Vorteil zu verschaffen, indem sie ihnen die Pressemitteilung vorab zuschicken. Sie stellen diese Meldung erst mit einer mehr oder minder großen Zeitverzögerung online, der Journalist hat also einen Wissensvorsprung. In der Praxis werden Sie aber ohnehin jeden ernsthaft Interessierten in Ihren Presseverteiler aufnehmen, von daher sollten Sie sich über solche Feinheiten nicht den Kopf zerbrechen.

Auch auf ein Eingabeformular, mit dem sich Interessierte in Ihren Presseverteiler eintragen können, sollten Sie getrost verzichten. Journalisten werden Sie bei Bedarf direkt kontaktieren und davon ausgehen, dass sie damit automatisch auf Ihrem Verteiler landen, sofern sie ihre Kontaktdaten hinterlassen.

## Nur wer bei Google gefunden wird, existiert

Selbst wenn Sie in Ihrer Pressemitteilung eine Internetadresse angeben, werden Journalisten Sie zumeist mit einer Suchmaschine wie Google suchen. Wenn Sie bei Google nicht zu finden sind, gibt es Minuspunkte in Hinblick auf Ihre Glaubwürdigkeit.

Google misst die Bedeutung Ihrer Website unter anderem daran, wie viele andere Websites auf Ihre verweisen. Etablierte Sites sind oft von hunderten oder sogar tausenden anderer Seiten verlinkt. Vor allem nach diesem Maßstab bemisst sich der Pagerank Ihrer Website, der bestimmt, wie weit oben Sie in Suchergebnislisten bei Google erscheinen. Je höher der Stellenwert der verweisenden Seiten ist, desto höher fällt auch Ihr eigener Pagerank aus.

**Tipp**
**Wer verlinkt auf mich, und wie hoch ist mein Pagerank?**

Die Anzahl der auf Sie verlinkenden Websites können Sie ermitteln, indem Sie bei Google den Suchausdruck „link:www.xyz.de" eingeben, wobei „xyz.de" für Ihre Internetdomain steht. Dabei zählen nur Links von Seiten, die ihrerseits von Google indiziert werden. Den Pagerank von Seiten können Sie unter anderem in der „Google Toolbar" anzeigen lassen, die Sie für alle verbreiteten Browser kostenlos als zusätzliche Symbolleiste installieren können. Ein Pagerank von vier oder fünf ist schon sehr gut, maximal möglich ist ein Rang von zehn; Seiten wie die von Wikipedia, Google oder Microsoft erreichen meist einen Rang von acht.

Vor allem kommt es darauf an, ob Sie mit den bei der Recherche von Journalisten eingegebenen Suchbegriffen als Treffer überhaupt angezeigt werden. Prüfen Sie das, indem Sie nach Ihrem Firmennamen, Produktnamen und in Ihrer Branche oft verwendeten Begriffen und Begriffskombinationen suchen. Voraussetzung dafür, gefunden zu werden, ist, dass Sie auf Ihrer Website Beiträge bereitstellen, die die entsprechenden Begriffe enthalten, denn Google wertet die Inhalte und Worthäufigkeiten auf Ihren Seiten aus. Berücksichtigt werden auch die Aktualität der Artikel und eine ganze Reihe weiterer Faktoren.

Die Optimierung einer Website auf Suchmaschinen hin ist eine Wissenschaft für sich. Dies nützt Ihnen natürlich nicht nur in Hinblick auf Ihre Pressearbeit, sondern vor allem auch, wenn es darum geht, dass potenzielle Kunden den Weg zu Ihnen finden. Wenn Sie sich zum Thema Suchmaschinenoptimierung informieren, seien Sie aber vorsichtig. Es gibt viele Anbieter, die große Versprechungen machen und durch Tricks Ihren Pagerank tatsächlich kurzfristig nach oben bringen können. Sowohl Google als auch andere Suchmaschinen bekämpfen jedoch derartiges „Suchmaschinen-Spamming". Wenn Sie es einsetzen, riskieren Sie, früher oder später ganz aus den Suchergebnislisten herauszufallen. Gehen Sie daher lieber den gewöhnlichen, wenn auch mühsameren Weg, wenn Sie dauerhaft erfolgreich sein wollen: Veröffentlichen Sie immer wieder inhaltlich relevante Artikel zu Ihrem Themenbereich auf Ihrer Website und verlinken Sie sich mit anderen Websites aus Ihrer Branche.

**Im Gespräch**

Oliver Iost, 37, lebt in Hamburg und betreibt seit 1999 das Studentenportal studis-online.de – zunächst hobbymäßig, seit 2004 hauptberuflich.

*Was waren Ihre ersten Veröffentlichungen?*
Im Jahr 2000 hat die Computerzeitschrift „c't" über den BAföG-Rechner auf meiner Seite berichtet. Es war damals der erste Rechner dieser Art. Inzwischen hat sogar das Ministerium einen. Zwischendurch kam ein Bericht in der „taz". Ich hatte mich über einen Beitrag geärgert und mein Abonnement abbestellt. Die Leserbriefabteilung rief mich zurück und brachte mich dann mit einem Redakteur in Kontakt, der einige Monate später einen Beitrag über mich schrieb. Die fanden es interessant, dass ich so eine inhaltsreiche Seite ganz alleine stemme – und das zu Hochzeiten des Internetbooms. Dann meldete sich der Deutschlandfunk – der Redakteur hatte den Beitrag in der „taz" gelesen. Später die „Hamburger Morgenpost".

*Wo liegt heute der inhaltliche Schwerpunkt der Veröffentlichungen?*
Es geht immer wieder um das Thema Studiengebühren. Ich habe auf meiner Website eine sehr aktuelle Übersicht zu diesem Thema, daran sind die Zeitungen interessiert. Wenn man bei Google nach Begriffen wie „Studiengebühren" oder „BAföG" in allen Kombinationen sucht, gerät man sehr bald auf meine Seite. Die Journalisten sehen dann, dass mein Angebot seriös ist, und melden sich von selbst bei einer. Ich habe extra die Domain studienkredite.org reserviert und für Suchmaschinen optimiert. Die Domain bafoeg-rechner.de hatte ich ja praktisch schon von Anfang an.

*Die Suchmaschinenoptimierung ist also das wichtigste Element bei Ihrer Pressearbeit?*
Ja, ganz eindeutig. Es spielt zwar auch eine Rolle, dass ich von vielen Studentenvertretungen empfohlen werde. Das bringt direkt Traffic, greift aber auch wiederum ineinander mit der Google-Optimierung, denn solche Links erhöhen den Pagerank. Die Hauptsache ist, auf der Website gute Inhalte zu haben, bei der eigenen Recherche einen Schritt weiterzugehen als andere, aktueller zu sein. Ich biete auf der Site viele Serviceartikel, die ich regelmäßig aktualisiere. Außerdem habe ich meine Website bei Google News angemeldet, sodass neue Artikel auch dort erscheinen. Weil ich sehr schnell auf neue Themen reagiere, bin ich oft unter den ersten, die dann auf der Google-News-Seite erscheinen.

*Wie kontrollieren Sie den Erfolg Ihrer Pressearbeit?*
Ich schaue mir die Analyse der Log-Dateien an. Sofern ein Artikel nicht nur im Print erschienen ist, sondern auch online, sehe ich, wie viele Leser dadurch zu mir gefunden haben. Bei Google suche ich mit unterschiedlichen Begriffskombinationen nach mir selbst. Ich bin in der Presse häufig in Serviceartikeln und Übersichten als Quelle genannt. Auch wenn das PDFs sind, so wird der Link doch indiziert und ich kann ihn auf diese Weise finden.

## Wenn Sie etwas zu sagen haben, dann bloggen Sie

Blogs – die Abkürzung bedeutet „Weblog" – sind eine Art Online-Logbuch. Darin erscheint der neueste Eintrag immer zuerst, dann folgen in chronologischer Reihenfolge die vorhergehenden Beiträge. Falls im eigentlichen Blog nur die ersten Zeilen des Artikels zu sehen sind, führt ein Link zu einer Seite, auf der der Text in voller Länge angezeigt wird. Dort können Kommentare zum Artikel gelesen und eingegeben werden, falls Sie als Betreiber diese Aktionen zulassen. Sie können jeden Artikel einer Kategorie zuordnen, wodurch automatisch eine Menüstruktur entsteht. Beim Anklicken des Menüpunkts werden nur diejenigen Beiträge angezeigt, die der entsprechenden Kategorie angehören – auch hier erscheint der neueste Artikel zuerst. Ebenfalls automatisch entwickelt sich ein – typischerweise nach Monaten sortiertes – Archiv, in dem das System ältere Artikel ablegt.

### Blogs sind ganz einfach einzurichten

Das Anlegen eines Blogs läuft auf ähnliche Weise ab wie das Einrichten eines E-Mail-Accounts bei GMX oder web.de: Sie richten ein Nutzerkonto ein, nehmen einige Einstellungen vor, und schon können Sie mit der Eingabe erster Inhalte beginnen. Bei der grafischen Gestaltung können Sie zwischen mehreren vorgegebenen Layouts auswählen. Diese Templates können Sie aber auch ganz spezifisch an Ihre Bedürfnisse (Logo, Unternehmensfarbe usw.) anpassen (lassen). Je nach Anbieter gibt es mehr oder weniger technische Features sowie grafische Gestaltungsmöglichkeiten. Manche Blog-Anbieter blenden Werbung oberhalb des Blogs ein, dafür ist der Betrieb kostenlos; alternativ können Sie gegen eine monatliche Gebühr werbefrei bloggen. Oder Sie installieren und betreiben die Blog-Software selbst bei Ihrem Provider. Weitere Informationen hierzu finden Sie im Internet unter www.jeder-ist-unternehmer.de/blogs.

Blogs sind so attraktiv, weil sich Inhalte mit extrem geringem Aufwand veröffentlichen lassen. Wenn Sie sich ein bisschen Zeit nehmen und jeden Morgen einen kurzen Beitrag schreiben, ist Ihre Website sogar tagesaktuell. Aufgrund solcher Aktualität – und weil Blogs häufig gegenseitig aufeinander Bezug nehmen – begünstigen Google und andere Suchmaschinen Blog-Beiträge in der Rangfolge ihrer Suchergebnisse. Ihre regelmäßigen Einträge und die Reaktionen der Leser führen außerdem schnell zu einem Dialog mit Nutzern und Kunden. Gerade das macht Blogs auch für Journalisten interessant: Als Blogger publizieren Sie nicht nur kontinuierlich zu einem Thema, sondern Sie entwickeln auch eine Community aus Stammlesern, die Sie als Experte respektiert und Ihnen Informationen zuträgt.

Auch der informelle Ton in Blogs, die Freiheit der Leser, aus unterschiedlichsten Perspektiven Kommentare abzugeben, erhöht Ihre Glaubwürdigkeit gegenüber Journalisten, die auf Ihren Blog stoßen. Gerade weil es sich nicht um x-fach korrigierte, ganz auf die Außenwirkung bedachte PR-Mitteilungen handelt, sind Blog-Beiträge für viele Journalisten glaubwürdiger als so manche Pressemitteilung. Hier erwarten sie sich authentische, unzensierte Informationen und vielleicht den einen oder anderen Geheimtipp.

Deshalb werden Blogs in der Unternehmenskommunikation immer wichtiger – und diese Entwicklung können Sie auch im Kleinen für Ihre Firma nutzen. Sie schlüpfen ein Stück weit selbst in die Rolle des Journalisten. Das Handwerkszeug, das Sie mit diesem Buch erlernt haben, wird Ihnen dabei sehr nützlich sein. Fragen Sie sich bei jeder Veröffentlichung im Blog, worin der Nachrichtenfaktor Ihrer Meldung besteht. Auf diese Weise verhindern Sie, dass Sie einfach Werbeverlautbarungen veröffentlichen, und bieten Ihren Lesern immer einen Nachrichten- beziehungsweise Nutzwert. Wenn Sie aus Ihrer Stammleserschaft Informationen zugetragen bekommen, gehen Sie ebenfalls vor wie ein Journalist: Fragen Sie sich, wie glaubwürdig der Informant ist, und überprüfen Sie seine Informationen gegebenenfalls. Durch Ihre eigenen Recherchen und das Einbringen Ihres Fachwissens gewinnt die Meldung an Qualität.

## Der nächste Schritt: So bauen Sie einen Newsletter auf

Einen Newsletter zu schreiben kostet viel Arbeit, die sich erst ab einigen hundert Abonnenten lohnt. Um aber Abonnenten zu gewinnen, muss man regelmäßig einen gut recherchierten Newsletter versenden. Diese Henne-Ei-Problematik führt oft dazu, dass Newsletter nicht oder nur unregelmäßig verschickt werden.

Lassen Sie sich deshalb unseren Vorschlag durch den Kopf gehen, wenn Sie mit dem Gedanken spielen, einen Newsletter zu veröffentlichen: Beginnen Sie mit einem Blog und bieten Sie Ihren Lesern an, dass Sie ihnen regelmäßig eine Auswahl an Blog-Meldungen in Form eines Newsletters zuschicken. So erledigen Sie das Schreiben des Newsletters in kleinen Happen und stehen nicht jedes Mal vor einer riesigen Aufgabe.

Die Eröffnung einer Gruppe zu Ihrem Spezialthema bei einer Business-Networking-Plattform wie XING ist ein weiterer Weg, schnell möglichst viele Leser für Ihren Newsletter zu gewinnen. Als Moderator haben Sie die Möglichkeit, ihn an alle Teilnehmer zu schicken, soweit diese dem nicht widersprochen haben. Der Versand erfolgt direkt über die Plattform, ist also technisch ganz einfach.

Wie bei einem Blog gilt, dass sich ein Newsletter an alle Nutzer Ihrer Website richtet – an Journalisten ebenso wie an (potenzielle) Kunden und andere Geschäftspartner. Die Chance: Wenn Sie einen Newsletter mit hohem Nutzwert versenden und darin neue Entwicklungen aufgreifen, werden nach und nach auch Journalisten ihn abonnieren. Schließlich sind sie immer auf der Suche nach neuen Themen und holen sich unter anderem Anregungen, indem sie relevante Newsletter auswerten. Es kann ganz gut sein, dass sie – ähnlich wie bei Blogs – den darin enthaltenen Beiträgen mehr Glauben schenken als einer offiziellen Pressemitteilung. Wenn es Ihnen gelingt, mit Ihrem Blog oder Newsletter eine Berichterstattung über ein neues Thema anzustoßen, stehen die Chancen gut, dass sich ein Journalist oder eine Journalistin zuerst einmal bei Ihnen meldet, um weitergehende Informationen zu erhalten.

# 8. Laden Sie die Presse ein oder gehen Sie selbst auf Tour

Eine Pressekonferenz gehört zu den klassischen Instrumenten der Pressearbeit. Sie hat aber den Nachteil, dass Journalisten damit oft nicht aus ihren Büros hervorzulocken sind. Organisieren Sie stattdessen lieber Pressegespräche im kleineren Rahmen oder originelle Presse-Events.

Klassische Pressekonferenzen, zu denen Sie viele Vertreter unterschiedlichster Medien im repräsentativen Rahmen einladen, um ihnen Produkte oder Dienstleistungen vorzustellen – das wird für Sie als Gründer/in, Selbständige/r oder Presseverantwortliche/r einer kleineren Organisation sowieso eher nicht infrage kommen. Zum einen, weil Sie schlicht nicht die entsprechend interessante Story haben, die die Pressekollegen ausgerechnet auf Ihre Pressekonferenz lockt. Zum anderen, weil die Vorbereitung und Veranstaltung einer solchen Pressekonferenz viel Zeit und Geld kostet, was vermutlich Ihr Budget für Pressearbeit sprengen würde.

## Pressegespräch und Redaktionsbesuch

Für kleine Budgets gibt es kostengünstige und effektive andere Möglichkeiten, um an die Medien heranzutreten.

### So organisieren Sie ein Pressegespräch

Fangen Sie einfach klein an – mit einem Pressegespräch. Das kann formlos bei Ihnen im Büro stattfinden. Laden Sie dazu die Vertreter der Lokalzeitung(en) sowie der lokalen Radio- und TV-Sender ein. Damit vergrößern Sie die Chance, dass einer oder mehrere Journalisten kommen und über Sie berichten.

Der Vorteil: Unter Umständen können aus dieser Veranstaltung mehrere Berichte hervorgehen. Wenn Sie Ihre Einladung zum Pressegespräch mit etwas Bewirtung nett gestalten (Kaffee, Wasser, Saft, Butterbrezeln oder belegte Brötchen), bleibt eventuell der eine oder die andere Kollegin etwas länger und Sie können den Kontakt vertiefen. Falls es alle eilig haben und schnell zu den nächsten Terminen hetzen müssen, freuen sie sich trotzdem, wenn sie zwischendurch verpflegt werden.

Der Nachteil: Die Journalisten müssen Ihr Thema vorab so spannend finden, dass sie die Redaktion verlassen und zu Ihnen kommen.

### Die Alternative: Besuch in der Redaktion

Statt zu einem Pressegespräch einzuladen, können Sie auch den Redaktionen telefonisch vorschlagen, dass Sie einen Redaktionsbesuch machen, um sich und Ihr Thema vorzustellen.

Der Vorteil: Journalisten sind grundsätzlich neugierig und sie lernen gern neue Leute kennen, vor allem wenn es nicht mit zu viel Aufwand verbunden ist. Sie können unter diesen Umständen ein Zweiergespräch führen und sich ganz genau erkundigen, was Ihr Thema speziell für dieses Medium interessant macht und welche Informationen oder Fotomotive die Redaktion für einen Artikel benötigt. Der Nachteil: Sie müssen jede Redaktion einzeln besuchen.

### Bereiten Sie sich gut vor

Ob die Journalisten zu Ihnen kommen oder Sie zu den Journalisten, Sie sollten gut vorbereitet sein. Ihre Gesprächspartner dürfen am Ende nicht den Eindruck haben, sie hätten ihre wertvolle Zeit mit Ihnen verschwendet. Und Sie wollen sich Ihren Kontaktpersonen schließlich mit einem interessanten Thema präsentieren.

### Stellen Sie Ihre Pressemappe zusammen

Anhand Ihrer Pressemappe können sich Journalisten einen ersten Eindruck verschaffen und weitere Fragen entwickeln. Wenn Sie nicht sicher sind, was in die Pressemappe hineingehört, können Sie sich ab Seite 82 noch einmal informieren.

### Bereiten Sie eine Pressemitteilung vor oder überlegen Sie sich Themenvorschläge

Wenn Sie zu einem Pressegespräch einladen, wollen Sie ein konkretes Thema ansprechen. Dazu sollten Sie eine Pressemitteilung vorbereiten, die Journalisten in der Regel auch erwarten. Bei einem Redaktionsbesuch sieht es hingegen anders aus, hier steht das gegenseitige Kennenlernen im Vordergrund. Umso sicherer werden Sie punkten, wenn Sie ein paar gut vorbereitete und auf das Medium abgestimmte Themenvorschläge mitbringen. Selbst wenn diese nicht passen sollten, kann Ihr Gegenüber besser einschätzen, wo Ihre Themenschwerpunkte und Ihre Fachexpertise liegen. Journalisten wissen vor dem Gespräch nicht, ob Sie kompetent, zuverlässig und glaubwürdig sind, deshalb ist es sehr wichtig, dass Sie das Gespräch inhaltlich gut vorbereiten.

### Halten Sie Fotos bereit

Indem Sie Fotos zur Verfügung stellen, helfen Sie den Journalisten, sich ein Bild von Ihrem Thema zu machen. Das erleichtert es zudem, Ihre Erläuterungen zu verstehen, und verbessert die Veröffentlichungschancen. Es lohnt sich, vorab Fotos für ein Pressegespräch oder einen Redaktionsbesuch zu produzieren. Planen Sie dafür bei der Organisation ausreichend Zeit ein.

### Schlagen Sie Interviewpartner vor

Zu einem Gespräch bei Ihnen können Sie auch potenzielle Interviewpartner einladen und den Medienvertretern die Gelegenheit geben, direkt mit ihnen zu sprechen. Bei einem Redaktionsbesuch bringen Sie stattdessen zu Ihrem Thema eine Liste möglicher Interviewpartner mit – die Sie natürlich vorher gefragt haben, ob sie zu einem Interview bereit sind.

### Tipp
### „Willst du was gelten, mach dich selten"

Je knapper die Ware, desto begehrter ist sie – dieses Prinzip kennen Sie sicher. Nutzen Sie es für „Event-Marketing" in eigener Sache. Melden Sie sich bei einer etwas weiter entfernten Redaktion an und schlagen Sie einen Besuch vor nach dem Motto: „Ich bin nächste Woche einen Tag in Ihrer Stadt und würde Ihnen gerne ein bestimmtes Thema/mich gern als Ansprechpartner für bestimmte Fragen vorstellen." Die Aussicht, dass ein solches Gespräch zustande kommt, ist relativ gut, wenn nicht gerade absoluter Produktionsstress herrscht. Schließlich bietet sich eine bequeme Gelegenheit, ein neues Thema zu erschließen, und die möchten Journalisten nicht verpassen. Falls man Ihnen signalisiert, dass es zeitlich gar nicht passt, drängen Sie sich nicht auf. Bieten Sie stattdessen an, sich einfach beim nächsten Mal zu melden, wenn Sie wieder vor Ort sind.

## Ganz klassisch: die Pressekonferenz

Nur in seltenen Fällen wird das Thema eines kleinen Unternehmers oder einer kleinen Organisation so wichtig und spannend sein, dass es für einen größeren Kreis an Journalisten interessant ist. Wenn Sie davon ausgehen, dass eine Pressekonferenz genau der richtige Weg ist, um Ihr Thema in die Medien zu bringen, sollten Sie daher auf jeden Fall erst einmal in Ruhe darüber nachdenken. Beraten Sie sich im Zweifelsfall auch mit Fachleuten über deren Erfahrungen und erkundigen Sie sich bei Beratungsstellen für Existenzgründer. Möglicherweise stecken Sie eine Menge Arbeit und auch

Geld in die Vorbereitung, und am Ende tauchen nur wenige Journalisten auf. Betriebswirtschaftlich gesehen und auch für die eigene Motivation wäre das nicht sehr effektiv.

Bedenken Sie auch, dass die meisten Journalisten täglich zu mehreren Pressekonferenzen gehen könnten. Dazu fehlt den meisten aber die Zeit, sie gehen nur dorthin, wo ein besonders wichtiges Thema im Mittelpunkt steht. Wenn zum Beispiel die Bahn, wie vor ein paar Jahren geschehen, im Verlauf einer Pressekonferenz den Anwesenden vorführt, wie das neue Online-Buchungssystem funktioniert, ist das auf jeden Fall eine Pressekonferenz wert. Das ist technischer Fortschritt, der für tausende Bahnkunden interessant ist.

## Wann ist eine Pressekonferenz für Gründer sinnvoll?

Eine Pressekonferenz ist dann angebracht, wenn es tatsächlich etwas zu sehen gibt: ein Produkt, das man anschauen und anfassen kann. Oder wenn es sich um ein sehr erklärungsbedürftiges Produkt handelt, beispielsweise um eine neue Plattform im Internet, die diverse Features hat, die für Computerlaien nicht ohne weiteres verständlich sind. Auch wenn etwas demonstriert werden kann, wenn etwa die Regionalgruppe des Roten Kreuzes eine spezielle lebensgroße Puppe bekommt, an der die Retter Erste Hilfe trainieren können, lohnt sich der Aufwand.

### Termin, Dauer

Als Erstes müssen Sie natürlich einen Termin festlegen. Planen Sie diesen so, dass Sie auf jeden Fall genügend Zeit haben, die Pressekonferenz gut vorzubereiten. Als Wochentage eignen sich vor allem Dienstag, Mittwoch und Donnerstag. Eine beliebte Uhrzeit ist 11:00 Uhr vormittags, Journalisten von Tageszeitungen können dann ihren Beitrag für die Ausgabe am nächsten Tag fertigstellen. Und es ergibt sich für alle die Möglichkeit zu einem Mittagsimbiss. Inklusive Snack sollte eine Pressekonferenz nicht länger als zwei Stunden dauern.

Wenn es um öffentliche Veranstaltungen geht, kann es sinnvoll sein, die Presse vorab einzuladen – beispielsweise bei einer Ausstellung oder Vernissage am Tag vor der eigentlichen Eröffnung. So kann schon am Eröffnungstag ein Bericht in der Zeitung erscheinen, der auf die Ausstellung aufmerksam macht.

## Ort

Als Ort eignet sich jede Art von Saal oder ein ruhiger Nebenraum eines Restaurants. Besichtigen Sie den Raum Ihrer Wahl unbedingt vorab und prüfen Sie, ob er abgeschlossen und der Geräuschpegel nicht zu hoch ist. Erst vor kurzem fand eine Pressekonferenz statt, bei der die Teilnehmer aus einem Münchner Szenelokal kurzfristig in das Konferenzzimmer eines Hotels in der Nachbarschaft umdirigiert wurden. Die ursprünglich vorgesehene Location war nicht vom eigentlichen Gastraum abgetrennt, sodass rein akustisch keiner der Anwesenden etwas verstanden hätte.

## Ablauf/Agenda

Erstellen Sie einen genauen Ablaufplan, in dem auch Zeit für Fotos, Interviews und Hintergrundgespräche vorgesehen ist. Wenn Sie etwas zum Essen anbieten, tun Sie dies erst zum Schluss der Veranstaltung und am besten in Buffetform. So kann jeder Teilnehmer selbst entscheiden, wann er wieder aufbrechen möchte.

## Namensschilder

Bereiten Sie Namensschilder für alle Anwesenden vor, sowohl für die Vortragsredner oder Teilnehmer einer Podiumsdiskussion als auch für die erwarteten Journalisten. Sinnvoll ist es, Vorname, Familienname und Name des Mediums darauf zu vermerken. Halten Sie Blanko-Namensschilder für die Teilnehmer bereit, die sich nicht angemeldet haben. Namensschilder helfen Ihnen dabei, die Journalisten mit Namen anzusprechen und sich die einzelnen Personen besser zu merken. Und sie erleichtern es den Journalisten, untereinander zu netzwerken.

## Anwesenheitsliste

Führen Sie unbedingt eine Anwesenheitsliste mit allen Kontaktdaten oder bitten Sie jeden Gast um eine Visitenkarte, damit Sie wissen, wer an Ihrer Pressekonferenz teilgenommen hat.

## Presseunterlagen

Bereiten Sie für solche Events ebenfalls aktuelle Pressemappen samt aktueller Pressemitteilung vor. Legen Sie auf jeden Fall auch den Zeitplan der Pressekonferenz dazu.

## Bewirtung

Natürlich müssen Sie nicht zwangsläufig für Bewirtung sorgen, aber ein Imbiss wird immer gern gesehen. Journalisten im tagesaktuellen Geschäft kommen tagsüber kaum dazu, sich etwas zum Essen zu besorgen, und sind dankbar, wenn dieses Problem für sie gelöst wird. Ein kleiner Snack reicht völlig aus und ist deshalb sehr wichtig, weil er zum Bleiben animiert. So können Sie in lockerer Atmosphäre mit einzelnen Journalisten plaudern, persönliche Kontakte herstellen und vertiefen – und Sie ermöglichen das Networking der Teilnehmer untereinander.

## Worauf ist bei der Einladung zu achten?

Egal ob für ein Pressegespräch bei Ihnen oder für eine großangelegte Pressekonferenz – bei der Einladung sollten Sie immer denselben Aufwand betreiben und es Journalisten so einfach wie möglich machen: Fügen Sie ein vorgefertigtes Antwortfax und eine E-Mail-Adresse für die Anmeldung bei. Rechnen Sie allerdings damit, dass in der Regel weit weniger Journalisten kommen, als sich angemeldet haben. Die Nachrichtenlage oder die persönliche Arbeitsbelastung kann am Tag Ihrer Pressekonferenz ganz anders aussehen als angenommen, sodass die Journalisten diesen Termin dann lieber streichen. Laden Sie deshalb besser großzügig ein. Außerdem können Sie davon ausgehen, dass Journalisten nicht unbedingt absagen, wenn sie nicht kommen, selbst wenn sie sich angemeldet haben.

Bei Ihrer Einladung sollten Sie darüber hinaus dem Empfänger die Möglichkeit geben anzukreuzen, dass er zwar zur Pressekonferenz nicht kommen kann, aber trotzdem die Presseunterlagen oder weiterführendes Material erhalten möchte. Nicht selten kommen daraufhin Veröffentlichungen zustande, selbst wenn ein Journalist die Pressekonferenz gar nicht besucht hat.

Achten Sie darauf, dass Ihre Einladung auch eine Anfahrtsskizze sowie einen Hinweis auf Parkmöglichkeiten enthält – das ist besonders für TV-Teams wichtig. Nützlich ist es auch, den genauen Zeitplan mitzuteilen, dann können die Journalisten besser planen. Und die Fotografen haben die Möglichkeit, erst nach den Vorträgen oder Diskussionen zu kommen, um ein Gruppenfoto oder einzelne Portraits direkt während eines Interviews zu schießen. Dem Zeitplan sollte zu entnehmen sein, wie lange der formelle Teil dauert, wann der informelle/gemütliche Teil beginnt und wann die gesamte Veranstaltung enden wird. Es empfiehlt sich, die Einladung zehn bis 14 Tage vor dem Termin zu verschicken und am Tag vorher noch einmal – vor allem an tagesaktuelle Redaktionen, in denen so viel Material aufläuft, dass schon einmal etwas übersehen werden kann.

## Zum Ablauf einer Pressekonferenz

Es ist sinnvoll, die folgenden Elemente in den Ablauf einer Pressekonferenz zu integrieren.

### Begrüßung

Sie selbst oder jemand aus Ihrem Unternehmen beziehungsweise aus Ihrer Organisation sollte die Begrüßung übernehmen – und sich genau darauf beschränken, ohne gleich einen kurzen Vortrag zu halten. „Time is money" sollte Ihr Wahlspruch für die Pressekonferenz sein, jedoch darf sie nicht zu einer hektischen Veranstaltung werden.

### Kurzvorträge, besser Podiumsrunde

Um einzelne Aspekte Ihres Themas, Ihrer Story herauszuarbeiten, eignen sich Kurzvorträge. Diese sollten maximal zehn Minuten dauern. Briefen Sie die Referenten entsprechend, damit sie nicht zu ausufernd starten, nur weil sie so begeistert von Ihrem Thema sind. Auf jeden Fall sollte ein/e Moderator/in auf die Zeit achten und gegebenenfalls einschreiten. Vergessen Sie nicht, dass Journalisten meist unter Zeitdruck stehen und es gewöhnt sind, in kurzer Zeit die wesentlichen Informationen für sich herauszufiltern. Nichts ist schlimmer, als wenn sich im Publikum schon nach kurzer Zeit Unruhe bemerkbar macht, weil früh klar ist, dass der Zeitplan völlig aus dem Ruder läuft.

Lebendiger als eine Reihe von Kurzvorträgen ist in den meisten Fällen eine Podiumsdiskussion. Hierbei beleuchten die Gesprächspartner das Thema aus verschiedenen Perspektiven.

### Zeit für Fragen

Planen Sie nach den Vorträgen oder der Podiumsdiskussion offiziell Zeit für Fragen ein. Wundern Sie sich aber nicht, wenn dieses Angebot nicht genutzt wird. Zum einen wollen sich Journalisten nicht blamieren, indem sie eventuell nach etwas fragen, was sie bereits wissen müssten – selbst wenn das nur die Kollegen meinen. Zum anderen stellen Journalisten ihre Fragen oft gern im Zweiergespräch, weil sie sich erhoffen, so einen Informationsvorsprung zu gewinnen.

Anschließend sollten Sie die Gelegenheit bieten, Fotos zu machen. Machen Sie sich jedoch klar, dass Menschen, die im Raum stehen, eher langweilig wirken. Interessante Motive und Perspektiven lassen sich aber auch bei einer Pressekonferenz entwickeln: Abgebildet werden könnte eine Person neben einem grafisch gestalteten Flipchart oder ein/e Mitarbeiter/in, die/der etwas in der Hand hält, was Ihr Thema symbolisiert. Das können Sie sich vorher überlegen und die nötigen Utensilien mitbringen. Vielleicht einen Ball, wenn es um Weiterbildung geht – nach dem Motto „Immer am Ball bleiben". Zugegeben, das ist etwas platt, aber immer noch besser als ein Standardfoto. Vielleicht kommen Sie und Ihr Team beim kreativen Brainstorming ja auf eine richtig gute Idee zu Ihrem Thema.

### Gesprächspartner/Interviewpartner einbinden

Lassen Sie weitere Interviewpartner während Ihrer Pressekonferenz zu Wort kommen und planen Sie Zeit für Gespräche mit ihnen ein. So können Journalisten O-Töne sammeln und bekommen mehr Stoff für ihre Berichterstattung zusammen.

### Gemütlicher Teil/Imbiss und Smalltalk

Wenn Sie bei diesem Teil der Veranstaltung angekommen sind, haben Sie das inhaltlich Wichtigste erst einmal geschafft. Sie können sich jetzt Zeit fürs Kennenlernen nehmen, nachfragen, welche Aspekte des Themas für das jeweilige Medium besonders interessant waren und was eventuell weitere Themen für die Zukunft sein könnten.

## Wecken Sie das Interesse der Journalisten mit einem Presse-Event

Sie wollen keine klassische Pressekonferenz organisieren, aber trotzdem möglichst vielen Journalisten persönlich Ihr Thema präsentieren? Dann suchen Sie frische Ideen. Welche Alternativen bieten sich an, die sich aus Ihrem Thema entwickeln lassen? Wie können Journalisten durch eine Veranstaltung, die einen anderen Zugang zum Thema eröffnet, profitieren?

Wenn Sie ein Sachbuch geschrieben haben, können Sie zum Erscheinungstermin statt einer Pressekonferenz einen Workshop für Journalisten anbieten, bei dem diese etwas über Ihr Thema lernen. Eine solche Veranstaltung bietet sich ebenfalls für Fachjournalisten an, wenn Sie etwa als Software-Spezialist Schulungen für bestimmte Programme geben – dann brauchen Sie aber zusätzlich einen aktuellen Aufhänger für Ihr Thema. Vielleicht finden Sie auch einen Kooperationspartner – Ihren Buchverlag beispielsweise –, der wiederum seinen eigenen Presseverteiler beisteuern kann. Was könnte eine originelle Veranstaltung zu Ihrem Thema sein, zu der Journalisten gern kommen?

### Tipp
### So bereiten Sie Pressekonferenz
### oder Presse-Event nach

**Teilnehmer und Publikationen:** Anhand der Anwesenheitsliste können Sie überprüfen, wer da war und ob sich für die Anzahl der Teilnehmer der Aufwand gelohnt hat.

**Pressedokumentation:** Die Teilnahme an einer Presseveranstaltung verpflichtet nicht, etwas darüber zu veröffentlichen. Vielleicht gab es aus Sicht einzelner Journalisten nichts Berichtenswertes für ihr Medium. Anhand der Anwesenheitsliste wissen Sie und Ihr Team, welche Medien Sie in den nächsten Tagen und Wochen beobachten sollten. Sammeln Sie Kopien von Veröffentlichungen für Ihre Pressedokumentation oder bitten Sie um Belege.

**Auswirkungen aufs Image:** Ob und wie sich die Presseveranstaltung auf das Image Ihres Unternehmens oder Ihrer Organisation ausgewirkt hat, können Sie anhand der Veröffentlichungen beurteilen: Sind sie eher positiv oder negativ? Welche Reaktionen, die sich auf die Veröffentlichungen beziehen, erreichen Sie im Anschluss?

**Nachfassen:** Wenn Sie nach der Veranstaltung die Journalisten noch einmal anrufen und nachfassen, dann tun Sie dies wohldosiert und vorsichtig. Journalisten können sich schnell genötigt fühlen. Fragen Sie besser nicht: „Haben Sie jetzt (endlich) etwas veröffentlicht?", sondern lieber: „Ich stelle gerade unsere Pressedokumentation zusammen. Gibt es noch etwas von Ihnen, das ich einbeziehen könnte?" Oder erkundigen Sie sich: „Was war für Sie interessant?", „Würden Sie noch einmal kommen?", „Benötigen Sie weiterführende Informationen/Kontakt zu weiteren Interviewpartnern?".

Machen Sie sich dabei bewusst: Was auch immer Sie organisieren, auch wenn der Event für den Journalisten Spaß sein kann, es ist nicht sein Privatvergnügen, sich mit Ihrem Thema zu beschäftigen. Er tut dies beruflich. Derartige Einladungen sind deshalb für Journalisten immer kostenlos. Das gilt auch dann, wenn Sie Medienvertreter als „normale Teilnehmer" zu Ihren Workshops einladen, damit sie Ihre Arbeitsweise kennenlernen.

Ob Pressegespräch, Redaktionsbesuch, Pressekonferenz oder Presse-Event: Ihre Veranstaltung für die Medien hat dann Erfolg, wenn Sie Full Service bieten und sich um alles kümmern, was Journalisten die Arbeit erleichtert. Das leibliche Wohl ist dabei zwar ebenfalls wichtig, aber lediglich in zweiter Linie.

Versetzen Sie sich in die Lage der Journalisten: Überlegen Sie, was sie noch für ihren Bericht brauchen könnten, welche Interviewpartner, Foto-Ideen oder fertigen Motive ihnen weiterhelfen würden. Mit dieser Haltung machen Sie sich professionelle Journalisten zu Freunden, nicht mit exklusiven Fünf-Sterne-Menüs. Auch wenn ein gutes Essen angenehm ist, hilft es einem Journalisten überhaupt nicht dabei, seinen Job gut zu erledigen.

# 9. Kontrollieren Sie regelmäßig Ihren Erfolg

Genau wie im Marketing sollten Sie auch bei der Pressearbeit in regelmäßigen Abständen die Wirksamkeit überprüfen. Lesen Sie, wie Sie an Aus- oder Mitschnitte kommen und was Sie beachten müssen, wenn Sie Presseveröffentlichungen zur Eigenwerbung verwenden. Sie erfahren zudem, wie Sie den Erfolg von Pressearbeit messen, damit sie deren Effektivität Schritt für Schritt erhöhen können.

Hurra! Nach all dem Analysieren, dem Kontaktieren und vielleicht einem Presse-Event ist es soweit: Die erste Veröffentlichung über Ihr Unternehmen soll in der lokalen Tageszeitung erscheinen. Sie gehen gleich morgens zum Zeitungskiosk und haben den Artikel schon zweimal gelesen, bevor Sie im Büro ankommen und ihn stolz Ihren Kollegen präsentieren.

Oder aber Sie sind bitter enttäuscht, weil Sie vergeblich nach dem fest zugesagten Artikel gesucht haben: Offenbar wurde er von aktuelleren Meldungen verdrängt. Müssen Sie jetzt jeden Tag die Zeitung kaufen, um nach der Veröffentlichung Ausschau zu halten? Warum hat Ihnen niemand wegen der Verzögerung Bescheid gesagt?

## Kein Anrecht auf Belegexemplare

Für Sie stellt eine Veröffentlichung (noch) ein besonderes Ereignis dar, für die Journalisten ist sie reine Routine. Während Sie die Zeitung oder Zeitschrift in Händen halten, arbeiten sie bereits an der nächsten Ausgabe. Ihre Zuständigkeit endet in der Regel mit der Abgabe des Artikels beim Chef vom Dienst. Deshalb erfahren sie von einer Verzögerung möglicherweise ebenso wie Sie erst, wenn sie die Zeitung oder das Heft nach Erscheinen durchblättern.

Die Anzeigenabteilungen verschicken an Werbekunden ganz selbstverständlich Belegexemplare, hingegen bieten Zeitschriftenredaktionen diesen Service nur teilweise und Zeitungsredaktionen fast nie. Selbst wenn der/die Journalist/in Ihnen gerne einen Beleg zukommen lassen möchte – wenn das Redaktionssekretariat diese Aufgabe nicht übernimmt, fehlt dafür zumeist die Zeit. Einfacher ist es bei Online-Meldungen, vor allem wenn die Journalisten sie selbst freigeben können. Dann werden sie Ihnen in der Regel bereitwillig den Link schicken – wobei auch dies einen extra Arbeitsschritt bedeutet.

Ähnlich verhält es sich inzwischen bei Radiobeiträgen. Da diese ohnehin meistens im MP3-Format erstellt werden, lassen sie sich relativ leicht per E-Mail versenden. Bei längeren Beiträgen kann die Datei allerdings sehr groß werden. Muss der Journalist oder die Journalistin sie erst noch komprimieren oder in anderer Form bearbeiten, ist es eher unwahrscheinlich, dass Sie den Beitrag zeitnah bekommen.

Erwarten Sie also grundsätzlich keine Zusendung von Belegexemplaren oder Sendungsmitschnitten. Wenn dies doch geschieht, handelt es sich um ein Entgegenkommen der Journalisten beziehungsweise um eine besondere Serviceleistung der Redaktion. Entsprechend sollten Sie sich verhalten, also auf Forderungen verzichten und sich für den Erhalt von Belegexemplaren angemessen bedanken.

Natürlich hat jeder Journalist Verständnis dafür, dass Sie den über Ihre Firma veröffentlichten Beitrag gerne lesen wollen. Am besten fragen Sie ihn im Gespräch: „Für welche Ausgabe ist der Beitrag denn?" So schlagen Sie gleich mehrere Fliegen mit einer Klappe: Zum einen erfahren Sie, wann Redaktionsschluss ist, wie viel Zeit Sie also haben, um Ihre Informationen und Fotos bereitzustellen und zu versenden. Zum anderen können Sie sich den genannten Termin notieren und an diesem Tag die Zeitung oder Zeitschrift kaufen – oder Ihr Aufnahmegerät entsprechend programmieren. Verschickt die Redaktion Belegexemplare oder Mitschnitte, werden die Journalisten dies von sich aus anbieten, wenn Sie über den Erscheinungstermin sprechen – oder Sie können es zur Sprache bringen, wenn es zum Beispiel aufwendig ist, das Medium in Ihrer Region zu kaufen, oder unmöglich ist, eine Sendung zu empfangen. Indem Sie solche Gespräche führen, können Sie nicht nur die erreichten Veröffentlichungen dokumentieren, sondern auch zeitnah nachtelefonieren, falls eine eigentlich zugesagte Veröffentlichung sich verzögert.

## Ausschnittdienste: die professionelle Lösung

Schon bald wird es nicht mehr ausreichen, um die Zusendung einzelner Belege zu bitten, die Medien selbst zu kaufen oder Sendungen aufzuzeichnen. Immer öfter wird es aufgrund Ihrer Pressemitteilungen zu Veröffentlichungen kommen, ohne dass Sie vorab mit dem Autor oder mit der Autorin telefonieren. Der klassische Weg, um in dieser Situation den Überblick zu behalten, ist die Beauftragung eines „Ausschnittdienstes". Dieser durchsucht die für Sie wichtigen Zeitungen und Zeitschriften und sendet Ihnen die relevanten Clippings zu.

Da neben den Print- auch die elektronischen Medien wie Internet, Radio und Fernsehen verfolgt werden, spricht man heute übrigens allgemeiner von „Medienbeobachtung". Die Agenturen überbieten sich gegenseitig in der Anzahl der von ihnen abgedeckten Medien. Längst gehen die Mitarbeiter hier nicht mehr vorrangig mit Schere und Klebestift zu Werke, sondern lesen mit riesigen Scannern ganze Zeitungsberge ein, verarbeiten sie mithilfe von automatischer Schrifterkennung und zeichnen außerdem die Ausstrahlungen vieler TV-Sender zeitgleich auf. Einige Anbieter vereinbaren mit den Verlagen auch direkt den Volltextzugriff auf deren sämtliche Veröffentlichungen – auch auf diejenigen, die ansonsten nur in gedruckter Form erscheinen.

Zwischen 40 und 100 Euro monatliche Grundgebühr verlangen die Anbieter typischerweise für ihre Dienstleistung – teilweise hängt der Preis von der Anzahl der Begriffe ab, nach denen gesucht werden soll. Dazu kommen feste Raten pro gefundene Veröffentlichung, bei einem großen Anbieter sind dies zum Beispiel ein Euro für Zeitungs-, 1,40 Euro für Zeitschriften- und 1,50 Euro für Online-Veröffentlichungen. Agenturmeldungen kosten 3,50 Euro und TV-Nachweise sechs Euro. Der eigentliche TV-Mitschnitt kann im zweiten Schritt zu einem Preis ab 30 Euro angefordert werden.

### Tipp
### Vor- und Nachteile von Papierclippings

Papierclippings haben Vorteile: Es handelt sich um Originale – und nicht um Scans mit eingeschränkter Druckqualität. Im Gegensatz zu direkt vom Verlag bereitgestellten digitalen Versionen des Artikels (man spricht vom „digitalen Pressespiegel") zeigen sie die Veröffentlichung in Originalgröße und -layout, vermitteln also einen besseren Eindruck vom Erscheinungsbild und von der Wertigkeit einer Veröffentlichung.

Andererseits ist die Zusendung von Clippings per Post mit zeitlichen Verzögerungen verbunden, denn meistens erfolgt sie in wöchentlichen oder in monatlichen Abständen. Darüber hinaus lässt sich die Anzahl der Clippings schwer vorhersagen, und damit sind die monatlich anfallenden Gesamtkosten nicht genau kalkulierbar.

Paradoxerweise ist das klassische Papierclipping billiger als die elektronische Lieferung per E-Mail, Fax oder über ein Internetportal. Das liegt daran, dass beim Papierclipping der Artikel im Original weitergegeben wird, das Recht dazu erwirbt der Ausschnittdienst mit dem Kaufpreis für die Zeitung oder Zeitschrift. Das digitale Bereitstellen zählt dagegen als Vervielfältigung. Die Verlage berechnen dafür Lizenzgebühren von durchschnittlich 2,50 Euro pro Artikel.

Selbst kleinere Anbieter können oft tausende Print- und Internetquellen abdecken. Sie arbeiten mit verschiedenen Kooperationspartnern und bieten einen Datenbankmix, den sie um die Ergebnisse eigener Suchmaschinen ergänzen. Einige Anbieter liefern die gefundenen Veröffentlichungen gar nicht im Volltext, da dies mit den bereits erwähnten Lizenzgebühren verbunden wäre, sondern sie stellen die Suchergebnisse anhand der Suchwortumgebung in Form möglichst aussagekräftiger Zitate bereit. Bei Veröffentlichungen im Internet stellen sie einen Deeplink bereit, der direkt zum gefundenen Artikel führt. Bei Print-Veröffentlichungen ist der Zugriff auf den Artikel zu einem Preis ab zwei Euro möglich – was die oben bereits erwähnten Lizenzgebühren abdeckt. Vorteil: Die Kunden bestimmen selbst, welche Artikel sie im Volltext anschauen möchten, und haben so volle Kontrolle über ihre Kosten. Da das System nach der erstmaligen Einrichtung weitgehend automatisiert läuft, werden bei längerfristiger Buchung erhebliche Preisnachlässe gewährt.

## Kostenloser Ausschnittdienst: was Google News und Co. bieten

Nicht jeder kann oder will sich einen professionellen Ausschnittdienst leisten. Gut dass es dazu eine zwar nicht gleichwertige, aber kostenlose Alternative gibt: Nachrichten-Suchmaschinen wie Google News (http://news.google.de). Sie deckt nach eigenen Angaben 700 ständig aktualisierte, deutschsprachige Nachrichtenquellen ab und benachrichtigt Sie sofort oder einmal täglich, wenn Ihr Suchbegriff in einem der neu veröffentlichten Artikel vorkommt.

Als Suchbegriffe kommen zum Beispiel Ihr Name, der Name Ihrer Firma oder Organisation, eines wichtigen Produkts oder der Website infrage. Der Suchbegriff „Gründungszuschuss" zum Beispiel ergibt mehr Treffer als „gruendungszuschuss.de" – doch beides kann nützlich sein: Die Suche nach „Gründungszuschuss" führt zum gesamten Themenspektrum der Veröffentlichungen zu diesem Thema. Wichtige Entwicklungen zeigen sich daran, dass sich die Anzahl der Artikel zu diesem Stichwort zu einem bestimmten Zeitpunkt erhöht. Die Treffer mit „gruendungszuschuss.de" sind dagegen unmittelbar für unseren Pressespiegel relevant – da hat jemand über unsere Website geschrieben oder sie zumindest erwähnt.

**Tipp**
**Probieren Sie verschiedene Suchwort-**
**kombinationen aus**

Nutzen Sie die kostenlosen Newsalerts auch dann, wenn Sie einen Ausschnittdienst beauftragen wollen. Zum einen können Sie auf diese Weise verschiedene Suchwortkombinationen ausprobieren und testen, welche die aussagekräftigsten Ergebnisse produzieren. Zum anderen können Sie die Newsabos als Gegencheck zum Ausschnittdienst nutzen, dessen Ergebnisse auf Vollständigkeit prüfen und eventuelle Lücken schließen.

Sie sehen schon: Newsalerts können – ebenso wie Ausschnittdienste – nicht nur zur Erfolgskontrolle der eigenen Pressearbeit genutzt werden, sondern auch zur Wettbewerbsbeobachtung, für das Benchmarking oder zum „Agenda-Tracking". Bei der Wettbewerbsbeobachtung geben Sie den Namen relevanter Wettbewerber ein und können so schnell herausfinden, ob und wie diese Pressearbeit betreiben. Dagegen verfolgen Sie beim Benchmarking gezielt die Veröffentlichungen über einen wichtigen Wettbewerber, der für Sie Vorbildcharakter hat; natürlich mit dem Ziel, gleich viele oder mehr Meldungen mit ebenso gutem oder sogar besserem Tenor zu erreichen. Beim Agenda-Tracking schließlich verfolgen Sie die Berichterstattung zu einem bestimmten Thema und erkennen so Chancen für Ihre eigene Pressearbeit, zum Beispiel, indem Sie vertiefende Informationen zu einer aktuellen Entwicklung bereitstellen.

## Spannen Sie Ihr Netzwerk ein

Auch der beste Ausschnittdienst wird nicht jeden Artikel und Beitrag über Sie und Ihr Thema finden, selbst wenn Sie ihn mit einem Newsalert kombinieren. Deshalb ist es sinnvoll, die Erfolgskontrolle Ihrer Pressearbeit auf möglichst viele Schultern zu verteilen. Spannen Sie Ihr persönliches und geschäftliches Netzwerk sowie Ihre Stammkunden ein. Reden Sie über Ihre Pressearbeit und Pressemitteilungen. So sensibilisieren Sie Ihre Bekannten. Sie werden sich bei Ihnen melden, wenn sie auf eine Meldung stoßen, in der Sie oder Ihr Unternehmen erwähnt werden.

Unterstützen Sie dieses Verhalten, indem Sie sich für solche Hinweise herzlich bedanken – auch dann, wenn Ihnen die Veröffentlichung eigentlich schon längst bekannt ist. Betrachten Sie es so: Wenn Sie viele Hinweise aus Ihrem Netzwerk auf eine Veröffentlichung erhalten, so ist dies ein gutes Indiz für deren Medienwirkung. Mit der Zeit entwickeln Sie auf diese Weise ein verlässliches Bauchgefühl, was eine Pressemitteilung an Echo bringt.

**Im Gespräch**

Roland Hoheisel-Gruler, 44, ist Rechtsanwalt in Sigmaringen. Er lebt in Scheer, einer Kleinstadt mit 3.000 Einwohnern, zehn Kilometer von Sigmaringen entfernt. Eine von ihm verfasste Pressemitteilung finden Sie auf Seite 96 f.

*Wie kam es dazu, dass Sie Pressearbeit machen?*
Schon als Jugendlicher habe ich für Vereine Pressemeldungen geschrieben. Da kam dann der Anruf des zuständigen Redakteurs: „Ich würde deine Pressemitteilung ja gerne bringen, aber wir haben da ein paar Regeln, die du beachten solltest." Der Journalist gab mir Tipps – natürlich auch, um sich selbst Arbeit zu sparen – und ich habe gelernt: Was ist interessant? Wie bringe ich einen Spannungsbogen rein?

*Sie arbeiten viel mit Veranstaltungshinweisen?*
Ja, seit drei Jahren halte ich Vorträge zu familienrechtlichen Fragestellungen hier im Frauenbegegnungszentrum, acht bis zehn Veranstaltun-

gen pro Jahr, der Eintritt ist kostenlos. Der Landkreis hat 150.000 Einwohner. Die Pressemitteilung geht an drei Lokalredaktionen von zwei Tageszeitungen, an zwei kreisweite Anzeigenblätter und an 25 örtliche Gemeindeblätter. 15 nehmen uns regelmäßig auf, fünf nehmen uns, wenn Platz ist, fünf nur bei ganz besonderen Themen, weil sie etwas weiter weg sind.

Die Veranstaltungshinweise habe ich gesplittet. Zunächst ganz kurz: Ort, Zeit, Thema, mein Name als Vortragender. Dann ein halbseitiger, frei formulierter Pressetext, der etwas ausführlicher auf das Thema eingeht. Wir haben bemerkt, dass die Anzeigenblätter den Kurztext auf jeden Fall nehmen. Wenn ich nur den langen Text schicke, kommt unter Umständen gar nichts. Wenn ich es dagegen splitte, kommt es vielleicht im Veranstaltungskalender und zusätzlich mit kurzem Bericht im Lokalteil. Manchmal werde ich im Anschluss an die Veranstaltung auch um einen ausführlicheren Bericht gebeten, der die häufigsten Fragen und Antworten zusammenfasst.

*Wie haben Sie den Verteiler aufgebaut?*
Den Verteiler habe ich selbst aufgebaut, das meiste durch Internetrecherche. Man kennt sich ja doch ein bisschen in der Region aus und ist auch den zuständigen Lokalredakteuren schon begegnet. Und was die Gemeindemitteilungsblätter betrifft, habe ich auf der Internetseite der jeweiligen Gemeinde nachgeschaut und die E-Mail-Adressen zusammengetragen. Der Verteiler wird immer aktualisiert, wenn auf eine Mail hin eine Fehlermeldung kommt. Wird unser Beitrag mehrfach nicht übernommen, rufe ich an und frage, woran es liegt, ob wir etwas besser machen können.

*Wie kontrollieren Sie den Erfolg Ihrer Pressearbeit?*
In die Tageszeitung, die Anzeigen- und Gemeindeblätter hier schaue ich selbst. Zudem bekomme ich Feedback von Bekannten und Kunden, auch von meiner Schwester, die 20 Kilometer entfernt wohnt. Ich schreibe in die Meldungen: „Falls Sie noch Fragen zur Veranstaltung haben, können Sie den Referenten gerne anrufen." Solche Anrufer sagen von sich aus, wo sie den Hinweis gelesen haben. Und wenn es zu Aufträgen kommt, frage ich immer, wie der Mandant auf mich und mein Angebot gestoßen ist.

*Wie wichtig ist die Pressearbeit für Sie?*
Ich siedle die Bedeutung der Pressearbeit recht hoch an. Die Werbemöglichkeiten von Rechtsanwälten sind beschränkt. Zudem tragen Presseveröffentlichungen einen Vertrauensbonus in sich, was in unserem Berufsfeld wichtig ist, da geht es um Seriosität. So wie man der Zeitung etwas glaubt, ist es auch wichtig, dass man dem Anwalt vertrauen kann. Dann kommt noch dazu, dass man als Leser über die Werbung hinwegrutscht, während man bei einem Artikel länger verbleibt, das prägt sich ins Bewusstsein ein. Und eine Veranstaltungsreihe vermittelt Nachhaltigkeit, das darf man nicht geringachten.

## Je dicker die Pressemappe, desto besser die Pressearbeit?

Egal ob Sie die Pressearbeit selbst erledigen oder mit einem Dienstleister zusammenarbeiten: Die Anzahl der Veröffentlichungen ist kein ausreichender Maßstab für Ihren Erfolg. Vielmehr kommt es darauf an, wer in welchem Umfang mit welchem Tenor über Sie berichtet und was das für Ihr Unternehmen bewirkt. Ein Artikel im „Spiegel" bringt meist mehr als einer in der Lokalzeitung. Vielleicht ist es bei Ihrer Zielgruppe aber gerade umgekehrt.

Ausschnittdienste können Sie bei der Beurteilung Ihres PR-Erfolgs unterstützen, indem sie neben Titel, Verlag und Seitenplatzierung die Auflage des Mediums, das Bundesland, das Nielsengebiet (Unterteilung Deutschlands durch die Firma ACNielsen in acht Regionen mit homogenem Verbrauchsverhalten, die zur Planung von Marktforschung und von Werbung verwendet wird) und sogar das Anzeigenäquivalent für jedes Clipping angeben: Wie viel hätte eine Anzeige in der entsprechenden Größe gekostet? Sie können zum Beispiel die Größe eines Artikels in Quadratzentimeter angeben oder auch auszählen, wie oft Ihr Firmenname und andere Suchwörter in dem Artikel vorkommen. Ein Lektor kann den Artikel für Sie lesen und inhaltlich beurteilen: Ist der Tenor des Beitrags positiv, neutral oder negativ? Ist die Veröffentlichung vom Medium selbst initiiert, oder ging sie von Ihnen aus, ist sie womöglich sogar gesponsert? Als Gründer/in oder Presseverantwortliche/r einer kleineren Organisation werden Sie sich wahrscheinlich den Aufpreis für solche Auswertungen sparen wollen, vielleicht bringt sie die Beschreibung dieser Dienstleistungen aber auf Ideen für Ihre eigene Erfolgskontrolle.

So können Sie dabei vorgehen: Erstellen Sie eine Liste der wichtigsten Veröffentlichungen, die Sie während der letzten zwölf Monate erreicht haben. Errechnen Sie das Verhältnis aus fremd- und selbstinitiierten Veröffentlichungen, aus regionalen und überregionalen. Falls Sie bundesweit aktiv sind: Wie verteilen sich die Veröffentlichungen auf bestimmte Regionen? Wo gibt es Lücken, die Sie schließen könnten? Welche Journalisten oder Verlage sind Ihnen besonders wohlgesinnt? Hier können Sie mit geringem Aufwand weitere Beiträge über sich bewirken. Ordnen Sie die erreichten Veröffentlichungen Ihren Pressemitteilungen und Veranstaltungen zu. Wo hat sich der Aufwand am meisten gerechnet, wo hat er sich nicht gelohnt? Wenn Sie, zum Beispiel über Google Alerts, auch die Berichterstattung über Wettbewerber verfolgen: Wie hat sich die Anzahl der Veröffentlichungen über Sie relativ zur Benchmark entwickelt?

## Legen Sie Ziele für Ihre Pressearbeit fest

Damit die Kontrolle Ihres PR-Erfolgs sich nicht in statistischen Auswertungen erschöpft, ist es sinnvoll, sich für die Pressearbeit Ziele vorzugeben. Besonders einfach zu planen sind die Inputgrößen: Werden Sie Veranstaltungen organisieren? Wie viele Pressemeldungen wollen Sie im Jahresverlauf versenden?

Von der mengenmäßigen Planung ist es dann nur ein kleiner Schritt zur Themen- und Zeitplanung. Was die Größe Ihres Verteilers betrifft, können Sie sich eine Steigerung vornehmen. Oder Sie planen, Lücken in einer Region oder bei einer bestimmten Kategorie von Medien zu schließen, also zum Beispiel erstmals auch in Radiosendern zu Wort zu kommen. Setzen Sie sich auch Ziele in Bezug auf die Anzahl und vor allem die Qualität der erreichten Veröffentlichungen. Nehmen Sie sich vor, in bestimmte Medien „reinzukommen" oder häufiger mit Foto veröffentlicht zu werden. Das spornt die Kreativität an und führt zu zielgerichtetem Vorgehen.

Wenn Sie zum Beispiel unbedingt bei „Spiegel online" genannt werden wollen, dann verfolgen Sie die Berichterstattung dort genauer. So erkennen Sie schneller, wenn sich eine Chance für Sie auftut, zum Beispiel, wann ein guter Zeitpunkt wäre, einem bestimmten Autor oder einer Autorin eine Pressemitteilung zu schicken oder sich in die Diskussion im Leserforum einzubringen, das wiederum von den „Spiegel"-Redakteuren gelesen wird. Vielleicht stellen Sie auch fest, dass in den Veröffentlichungen zwar Ihr Firmenname, nicht aber Ihr Produktname oder die Adresse der Website genannt wird. Wenn Sie im Gespräch mit dem Journalisten oder der Journalistin künftig auf solche Punkte achten, können Sie die Wirkung Ihrer Veröffentlichungen deutlich verbessern. Durch die Kontrolle Ihrer Pressearbeit können Sie Defizite erkennen und Ihre Zielsetzung weiterentwickeln.

## Fragen Sie Ihre Neukunden, wie sie von Ihnen erfahren haben

Während Ihre Stammkunden sich wahrscheinlich bei Ihnen melden, wenn sie etwas über Sie lesen oder hören, sollten Sie Neukunden grundsätzlich immer von sich aus fragen, wie sie auf Ihr Unternehmen aufmerksam geworden sind. Auf diese Weise werden Sie keine Veröffentlichung mehr verpassen – und falls doch: Ein Beitrag, der von keinem einzigen Neukunden erwähnt wird, ist wahrscheinlich auch nicht relevant. Indem Sie jedem Neukunden eine einzige zusätzliche Frage stellen, erfahren Sie, welche Art von Presseveröffentlichung das größte Echo auslöst und welche letztlich zu den lukrativsten Aufträgen führt. Und Sie können die Bedeutung der Pressearbeit relativ zu Marketingmaßnahmen und zum Effekt der Mundpropaganda beurteilen, denn wahrscheinlich sind das die beiden anderen wichtigen Quellen, aus denen sich Ihre Neukunden rekrutieren.

## So vermarkten Sie Ihre Presseveröffentlichungen

Eine positive Veröffentlichung in der Presse erhöht Ihre Glaubwürdigkeit und verbessert Ihr Renommee. Sie können den Effekt solcher Veröffentlichungen noch verstärken, indem Sie sie Ihren Kunden und Partnern gezielt zukommen lassen. Dafür sollten Sie zunächst sicherstellen, dass Sie über einen qualitativ hochwertigen Ausschnitt verfügen. Es genügt nicht zu wissen, dass etwas erschienen ist, oder ein schlecht lesbares Fax der Veröffentlichung zu haben. Wenn ein Bekannter oder eine Bekannte Sie auf eine Veröffentlichung aufmerksam macht, bitten Sie darum, dass man Ihnen den Ausschnitt im Original zuschickt. Online-Artikel sollten Sie grundsätzlich ausdrucken (und zusätzlich als PDF speichern), wer weiß, ob sie in einigen Monaten noch zugänglich sind. Heften Sie die gesammelten Ausschnitte in einem Presse-Ordner, unterteilt nach Monaten oder Quartalen, ab. Für digital vorliegende Artikel, Sendungsmitschnitte und Ähnliches sollten Sie ein eigenes Verzeichnis auf Ihrer Festplatte einrichten.

Erstellen Sie eine Liste der Veröffentlichungen mit Titel des Mediums und Datum. Bei umfangreicheren Texten extrahieren Sie Zitate, die Sie dann zum Beispiel als Testimonial auf Ihrer Website verwenden können. Wichtige Veröffentlichungen, die Sie an Kunden oder Geschäftspartner weitergeben wollen, kopieren Sie am besten gleich mehrfach und heften sie in einer Dokumentenhülle ab. Dann können Sie Gesprächspartnern jederzeit eine Kopie des entsprechenden Beitrags in die Hand geben oder zusenden. Mindestens aber sollten Sie über eine qualitativ hochwertige Kopier- oder Faxvorlage verfügen. So müssen Sie nicht bei jeder Gelegenheit erst nach geeigneten Veröffentlichungen suchen, was in der Praxis aus Zeitgründen oft verhindert, dass Presseartikel in dieser Form genutzt werden.

Beachten Sie, dass Sie Presseveröffentlichungen nicht einfach kopieren oder online stellen dürfen. Bis zu sechs Kopien eines papierenen Pressespiegels dürfen Sie weitergeben, ab sieben Exemplaren werden Sie abgabepflichtig gegenüber der Verwertungsgesellschaft Wort (VG Wort). Digitale Versionen von Presseveröffentlichungen erhalten Sie von einem Ausschnittdienst ohnehin nur, wenn Sie zuvor eine Lizenzvereinbarung mit der Presse-Monitor GmbH (PMG) abgeschlossen haben, die die Interessen von mehr als 175 deutschen Verlagen vertritt.

Eingescannte oder abgetippte Artikel sowie digitale Mitschnitte, die Sie auf Ihrer Website bereitstellen, sind dadurch nicht abgedeckt. Wenn Sie sie dort unerlaubt veröffentlichen, kann es – berechtigterweise – zu nachträglichen Honorarforderungen oder sogar Abmahnungen durch die Urheber kommen. Wollen Sie eine wichtige Veröffentlichung den Nutzern Ihrer Website zur Verfügung stellen, müssen Sie also zuvor das Einverständnis des Autors und des Verlags einholen. Selbst für die Abbildung verkleinerter Logos einer Zeitschrift oder eines TV-Senders auf Ihrer Website benötigen Sie eine Zustimmung. Wenn Sie einen Beitrag mit Logo veröffentlichen wollen, sollten Sie das beim Einholen der Erlaubnis also kurz erwähnen.

Fragen Sie am besten zunächst den Journalisten oder die Journalistin und lassen Sie sich den/die Ansprechpartner/in beim Verlag nennen. Achten Sie darauf, dass Ihnen das Einverständnis schriftlich, zumindest aber per E-Mail, vorliegt. Machen Sie sich hierzu eine Gesprächsnotiz oder danken Sie Ihrem Gesprächspartner per E-Mail für seine Erlaubnis. So vermeiden Sie Missverständnisse, die bei einem Telefongespräch entstehen können. Als „kleine/r Selbständige/r" stehen Ihre Chancen gut, dass Verlag und Journalisten Ihnen ihre Zustimmung geben, ohne zusätzliche Honorare oder Gebühren zu verlangen. Vielleicht freuen sie sich sogar über die zusätzliche Verbreitung des Artikels. Ansonsten können Sie auf eine Veröffentlichung verzichten, stattdessen ein aussagekräftiges Zitat wählen und auf den Artikel verlinken, falls er in irgendeiner Form online verfügbar ist.

Ein Pressespiegel erhöht Ihre Glaubwürdigkeit bei Geschäftspartnern übrigens ganz erheblich. Sie können noch einen Schritt weitergehen und einige Mappen mit den wichtigsten Artikeln über Sie vorbereiten. So haben Sie diese Unterlagen immer griffbereit, wenn Sie neue Partner oder Kunden über sich informieren wollen.

Wenn Sie einen Blog und/oder Newsletter betreiben, sollten Sie darin zeitnah auf eine erfolgte Veröffentlichung hinweisen und sie als Aufhänger für vertiefende Informationen oder ein Angebot nehmen. Stellen Sie sich zum Beispiel vor, Sie seien Steuerberater und wären von einer Wirtschaftszeitschrift zu einer bestimmten Steuersparmöglichkeit zitiert worden. Nutzen Sie die Pressemeldung als Anlass, um im Newsletter genauer auf das angesprochene Thema einzugehen. So erschließen Sie sich zusätzliche Kundenkontakte und damit Geschäft.

# 10. Wenn Sie sich professionelle Unterstützung holen wollen

Nur wer versteht, wie Journalisten ticken, und den Medien selbst als Ansprechpartner zur Verfügung steht, wird erfolgreich Pressearbeit betreiben. Ein PR-Berater oder eine PR-Agentur können aber viel Arbeit abnehmen, zum Beispiel beim Aufbau des Verteilers. Lesen Sie, wie Sie den richtigen Partner auswählen und wie Sie ein Briefing für ihn erarbeiten.

Pressearbeit kann viel bewirken, kostet aber auch viel Zeit. Vielleicht sind Sie aufgrund gekonnter Pressearbeit inzwischen mit Aufträgen bestens ausgelastet – und gerade aus diesem Grund fehlt Ihnen die Ruhe, um Ihre erfolgreiche Medienarbeit auch weiterhin fortzusetzen. Sie überlegen sich, nun einen PR-Berater oder sogar eine PR-Agentur zu engagieren. Dies ist das häufigste, aber nicht das einzige Argument, warum es sich lohnt, professionelle Unterstützung bei der Pressearbeit in Anspruch zu nehmen. Erfahrene PR-Profis arbeiten oft effektiver, als Sie selbst das mit eigenen Mitteln können.

Machen Sie sich klar, dass erfolgreiche Pressearbeit einen Lernprozess voraussetzt: Während Sie sich tagelang mit einem Pressetext herumquälen, fließt er einer erfahrenen Journalistin ganz locker aus der Feder. Sie sind vielleicht unsicher, wie eine Meldung ankommt, der Berater weiß aus jahrelanger Erfahrung genau, wie Journalisten und Journalistinnen ticken. Während Sie viel Zeit investieren müssen, um Beziehungen zu den für Sie relevanten Medien aufzubauen, kennt eine auf Ihre Branche spezialisierte Agentur vielleicht bereits alle wichtigen Ansprechpartner und hat schon Kontakt aufgenommen.

Sie selbst haben noch nie eine Pressekonferenz organisiert, für Ihre PR-Beraterin ist das reine Routine. Denn sie kennt die Abläufe, plant ausreichend Vorbereitungszeit ein, wird nicht panisch, wenn sich zunächst nur wenige Journalisten anmelden, denkt von Namensschildern bis zur Bewirtung an alles und stellt so einen rundum professionellen Auftritt sicher. Bei Bedarf kann sie sogar eine Rede für Sie schreiben und den Vortrag mit Ihnen einüben.

Im Idealfall gewinnen Sie durch die Beauftragung eines Beraters oder einer Agentur einen Sparringspartner, der nicht nur Ihre Vorgaben gekonnt umsetzt, sondern mit dem Sie Ideen austauschen können – und einen ehrlichen Ratgeber, der Ihnen offen sagt, wenn ihm einer Ihrer Pläne wenig aussichtsreich erscheint. Machen Sie die Pressearbeit aber immer zur Chefsache: Sie können sie nicht zu 100 Prozent delegieren. Im Gegenteil: Wenn Sie einen tüchtigen PR-Berater oder eine PR-Beraterin engagieren, werden Sie zunächst mehr Zeit als bisher für dieses Thema aufwenden müssen. Zum einen benötigt der PR-Dienstleister viele Informationen, um in Ihrem Sinn sprechen und schreiben zu können. Zum anderen wird er, wenn er erfolgreich ist, jede Menge Arbeit für Sie generieren: Presseanfragen, Interviewwünsche, Anfragen nach Fachartikeln. Journalisten wollen immer lieber mit dem Chef oder der Chefin sprechen, und wahrscheinlich verfügen auch nur Sie über das nötige Know-how, um einen Fachbeitrag zu verfassen. Seien Sie dazu bereit, die entsprechende Zeit zu investieren, sonst enttäuschen Sie die Journalisten – und frustrieren Ihren Dienstleister. Wenn Sie sich engagieren, entwickeln Sie nach und nach eigene Beziehungen zu allen wichtigen Journalisten und können auch direkt mit ihnen kommunizieren. So verhindern Sie zudem, dass Sie von Ihrem Dienstleister abhängig werden.

## PR-Berater oder -Agentur: Wer ist der richtige Partner?

Jeder darf sich PR-Berater nennen: Erfahrene Journalisten und langjährige PR-Profis sind ebenso darunter wie Quereinsteiger, Teilnehmer an PR-Ausbildungskursen und Werbespezialisten. Der Markt ist unübersichtlich, die Qualitäts- und Preisunterschiede sind enorm. Das bedeutet, dass Sie sich ausreichend Zeit für die Auswahl Ihres Partners nehmen sollten. Fragen Sie andere Selbständige, die bereits erfolgreich Pressearbeit betreiben, nach Empfehlungen. Adressen von PR-Agenturen finden Sie im Internet und in den Gelben Seiten – oder Sie schauen, wer Mitglied in einem der großen Berufsverbände ist.

**Tipp**
**Hier finden Sie Informationen**

Die wichtigsten deutschen Berufsverbände sind die Deutsche Public Relations Gesellschaft e. V. (DPRG, www.dprg.de) und die Gesellschaft Public Relations Agenturen e. V. (GPRA, www.pr-guide.de). Und in Österreich entspricht dem der Public Relations Verband Austria (PRVA, www.prva.at). Die Verbände bieten nicht nur Mitgliedern, sondern auch potenziellen Agenturkunden viele nützliche Informationen, zum Beispiel Musterverträge, um die Zusammenarbeit mit dem PR-Dienstleister zu regeln.

Auf den Websites der Berufsverbände finden Sie auch Honorarspiegel, die auf Befragungen der Mitgliedsunternehmen beruhen. Für bestimmte Leistungen werden Pauschalpreise angesetzt, entscheidende Richtgröße ist aber der jeweilige Stundensatz eines Beraters. Bei Agenturen liegt er je nach Größe des Unternehmens und Seniorität des Beraters meist zwischen 75 und 175 Euro.

Wenn Ihnen das zu teuer ist, halten Sie besser nach freiberuflichen, als Einzelkämpfer arbeitenden PR-Beratern Ausschau. Aufgrund der geringeren Fixkosten berechnen diese Dienstleister oft auch Stundensätze unter 75 Euro. Vielleicht ist der Berater oder die Beraterin in einer ähnlichen Situation wie Sie, hat sich gerade selbständig gemacht und ist auf der Suche nach seinen oder ihren ersten Kunden. Möglicherweise hat er oder sie vorher in verantwortlicher Position für eine große, namhafte Agentur gearbeitet – und ist jetzt bereit, dieselbe Dienstleistung zu einem deutlich niedrigeren Preis anzubieten. Wie bei allen solchen Entscheidungen lohnt es sich, zunächst im eigenen Netzwerk oder auf Networking-Plattformen wie XING zu recherchieren, wer Erfahrungen mit PR-Dienstleistern hat und eine Empfehlung aussprechen kann.

**Tipp**
**Wählen Sie eine Agentur, die zu Ihrer Größe passt**

Sie brauchen keine Agentur mit internationalem Netzwerk, wenn Ihre Kundenbasis auf die Region oder auf Deutschland beschränkt ist. Bei großen Agenturen werden Sie möglicherweise vom Junior-Berater betreut, bei einer kleinen Agentur bedient Sie der Chef oder die Chefin persönlich. Oft ist bei kleinen Agenturen außerdem die Fluktuation geringer. Ein fester Ansprechpartner aber ist nicht nur für Sie, sondern auch für die betreuten Journalisten von großer Bedeutung.

## Auswahlkriterien: Branchenerfahrung ist besonders wichtig

Das wichtigste Auswahlkriterium neben dem Preis stellt die Branchenerfahrung des Dienstleisters dar. Während PR-Agenturen oft mehrere Branchen abdecken, sind PR-Berater zumeist auf bestimmte Themen spezialisiert. Wenn Sie sich jemanden suchen, der sich in Ihrer Branche auskennt, wird die Kommunikation einfacher. Denn ein solcher Berater wird Ihre Produkte und Ihre spezifischen Stärken und Schwächen schneller verstehen und einordnen können. Und Sie sparen viel Zeit, denn wahrscheinlich bestehen schon Kontakte zu den relevanten Journalisten. Bedenken Sie, dass sich die Medienvertreter möglicherweise direkt an Ihren PR-Berater wenden werden, sodass dieser quasi für Sie und Ihr Unternehmen spricht. Das setzt eine gute Kenntnis Ihrer Wettbewerbssituation und des Marktes voraus.

Stellen Sie außerdem sicher, dass der von Ihnen ins Auge gefasste Dienstleister keinen direkten Wettbewerber betreut. Das würde zu Interessenkonflikten führen, denn die Journalistenkontakte müssten zwangsläufig für Sie und das andere Unternehmen genutzt werden.

Lassen Sie sich auch die Referenzkunden nennen und fragen Sie dabei nach kleineren Unternehmen – so wie Sie wahrscheinlich eines haben. Bei welchen Kunden stand der Dienstleister vor einer ähnlichen Herausforderung wie bei Ihnen? Lassen Sie sich möglichst die Clippingmappe eines solchen Kunden zeigen und fragen Sie genau nach, wie bestimmte Veröffentlichungen zustande gekommen sind. Wenn Sie sich auch danach noch unsicher sind, bitten Sie darum, ein oder zwei Referenzkunden kontaktieren zu dürfen, bevor Sie sich endgültig für oder gegen einen Dienstleister entscheiden.

## Die Basis für erfolgreiche Zusammenarbeit: ein klares Briefing

Das erste Gespräch mit der Agentur oder dem/r Berater/in ist wahrscheinlich noch kostenlos. Nutzen Sie diese Gelegenheit: Bereiten Sie sich gut auf das Treffen vor, sodass Sie dem potenziellen Dienstleister alle wichtigen Informationen zur Verfügung stellen können. Je deutlicher Sie die Ziele Ihrer Pressearbeit definieren, desto genauer kann die Agentur den entstehenden Aufwand einschätzen.

- Welche Kernbotschaften wollen Sie vermitteln?
- Wer sind Ihre Hauptzielgruppen?
- Welche Termine (Messen, Jahreszeiten, Stichtage) sind für Ihr Business besonders wichtig?
- In welchen Medien wollen Sie künftig Veröffentlichungen erreichen?
- Falls Sie schon länger Pressearbeit betreiben, sollten Sie hierzu eine Erfolgskontrolle durchführen (siehe Kapitel 9) und die Ergebnisse berichten.

- Welche Pressemitteilungen haben Sie in den letzten zwölf Monaten verschickt? Welche Veröffentlichungen haben sich daraus ergeben?
- Wie groß ist Ihr aktueller Verteiler?
- Was können Sie weiterhin selbst leisten? Was soll auf jeden Fall der PR-Dienstleister übernehmen?

Spielen Sie mit offenen Karten: Nur wenn Ihr/e künftige/r Berater/in die Stärken und Schwächen Ihrer Produkte versteht, kann er/sie Ihr Unternehmen ins rechte Licht setzen und sich auf kritische Fragen von außen vorbereiten. Legen Sie unbedingt auch vorab schon fest, wie viel Geld Sie monatlich für die Unterstützung bei Ihrer Pressearbeit ausgeben wollen. Wo liegen die Unter- und Obergrenzen? Die potenziellen Dienstleister erwarten meist bereits beim ersten Gespräch eine Aussage zum Budget.

Im Anschluss an das Briefing sollte die Agentur ein Angebot erstellen, aus dem klar hervorgeht, welche Leistungen sie erbringen würde und was das kostet. Fragen Sie auch nach eventuellen Zusatzkosten für Material und Reisen, denn Sie wollen sicherlich Ihre Ausgaben im Griff behalten. Gibt es eine Preisliste für solche Leistungen? Auch der Versand über einen bestimmten Verteiler wie ots kann erhebliche Kosten verursachen, wenn er extra berechnet wird.

Falls die Agentur einen monatlichen Pauschalpreis anbietet, sollte eindeutig festgelegt sein, wie viele Pressemitteilungen, -veranstaltungen, ots-Versendungen und andere Maßnahmen darin – auf das Jahr gesehen – enthalten sind. Sie können außerdem vorschlagen, dass ein Teil des Honorars erfolgsabhängig gestaltet wird. Wenn ein Dienstleister sich selbst im Gespräch ehrgeizige Ziele setzt, sollte er sich daran auch messen lassen. Allerdings müssen Sie dann auch bereit sein, im Erfolgsfall etwas mehr zu bezahlen als bei einem normalen Vertrag. Außerdem wird Ihr Gegenüber in diesem Fall mehr Gestaltungsfreiheit erwarten.

## Entwickeln Sie ein Vertrauensverhältnis zu Ihrem Dienstleister

Wenn die gemeinsame Pressearbeit erfolgreich verlaufen soll, werden Sie sehr intensiv mit Ihrem PR-Dienstleister zusammenarbeiten. Deshalb ist es wichtig, dass von Anfang an die Chemie stimmt, dass Sie sich gegenseitig vertrauen und respektieren. Der Dienstleister braucht Zeit, um Ihr Unternehmen kennenzulernen – selbst wenn er bereits über umfangreiche Branchenerfahrung verfügt. Wenn Sie mit der Pressearbeit gerade beginnen, wird es erfahrungsgemäß mindestens sechs Monate dauern, bis sich erste Erfolge einstellen. Das ganze Potenzial der Pressearbeit entfaltet sich sogar erst nach zwei Jahren, wenn die Journalisten anfangen, Sie von sich aus zu bestimmten Themen zu kontaktieren. Zudem schätzen auch die Journalisten einen festen Gesprächspartner. Wenn der Ansprechpartner wechselt, gehen oft wertvolle Kontakte verloren.

### Tipp
### Bitten Sie gezielt um Unterstützung

Als Gründer/in oder Vertreter/in einer kleinen Organisation verfügen Sie nur über ein kleines Budget, wollen aber trotzdem Ihre Pressearbeit professionalisieren? Dann müssen Sie mehr Eigenleistung erbringen, brauchen aber trotzdem nicht ganz auf Unterstützung von außen zu verzichten. Sie können Journalisten oder PR-Berater zum Beispiel ganz gezielt um Feedback zu einer Pressemitteilung bitten. Auch zu den unter www.jeder-ist-unternehmer.de/presse_ws bundesweit angebotenen Workshops „Effektive Pressearbeit für Gründer und Selbständige" können Sie Ihre eigenen Pressemitteilungen mitbringen. Hier erhalten Sie detailliertes Feedback und Verbesserungsvorschläge. Da Sie wahrscheinlich viel Zeit in die Formulierung der Mitteilungen investieren, lohnt es sich auf jeden Fall, dazu den Kommentar eines Profis einzuholen. Nehmen Sie dessen Anregungen an und entwickeln Sie dadurch auch Ihre eigenen Fähigkeiten.

Legen Sie deshalb die Zusammenarbeit längerfristig an. Treffen Sie sich mit mehreren Dienstleistern, bevor Sie sich für einen entscheiden, und verlassen Sie sich dabei auf Ihre Menschenkenntnis. Und wenn Sie dann Ihre Wahl getroffen haben, sollten Sie dem Dienstleister genügend Zeit geben. Die Zusammenarbeit muss sich erst einspielen, damit Sie sich gegenseitig die Bälle zuwerfen können. Wichtig: Von Anfang an sollten Sie die Freigabe von Pressemitteilungen klar regeln, damit nicht etwas über Ihr Unternehmen erscheint, mit dem Sie nicht einverstanden sind. Andererseits soll es nicht so sein, dass der Dienstleister ständig hinter Ihnen hertelefonieren muss und aktuelle Pressemitteilungen deshalb nicht rechtzeitig veröffentlicht werden.

Am besten entwickeln Sie eine feste Routine, damit Ihr Berater oder Ihre Beraterin immer über die aktuellen Entwicklungen in Ihrem Unternehmen auf dem Laufenden ist. Vereinbaren Sie zum Beispiel einen Telefontermin alle zwei Wochen und setzen Sie ihn oder sie bei E-Mails an Journalisten immer auf „CC". Natürlich sollte Ihr Dienstleister auch Ihren Newsletter erhalten. Versuchen Sie ihn für Ihr Unternehmen zu begeistern, sodass er dieses Gefühl im Gespräch mit Journalisten weitertransportiert und sich bei kritischen Fragen loyal verhält. Zu einem Vertrauensverhältnis gehört darüber hinaus dass Sie Probleme bei der Zusammenarbeit offen ansprechen. Wenn Ihr/e Berater/in Zusagen oder Termine nicht einhält, Ihnen die Texte nicht gefallen, die Pflege des Verteilers nicht sorgfältig genug erscheint oder schlichtweg der erwartete Erfolg ausbleibt, dann sollten Sie dies ansprechen und möglichst gemeinsam verbessern. Wechseln Sie aber nicht übereilt die Pferde.

## Medientraining: damit Sie schnell auf den Punkt kommen

Schneller, als Sie vielleicht denken, kann es dazu kommen, dass Sie von einem Radiojournalisten interviewt werden oder sogar vor einer Kamera stehen. TV-Interviews, Experten-Statements und die Teilnahme an Diskussionsrunden bieten eine große Chance, denn Sie erreichen auf diesem Weg eine hohe Zahl von Zuschauern. Wenn Sie die Ihnen gestellten Fragen kompetent beantworten, bringt das nicht nur einen großen Werbeeffekt in Hinblick auf Bekanntheit und Image, sondern Sie werden dann wahrscheinlich immer wieder zu solchen Anlässen eingeladen. Der zuständige Redakteur oder Chef vom Dienst notiert sich Ihre Telefonnummer in seiner Adressdatenbank und katapultiert Ihre Pressearbeit damit auf eine ganz neue Ebene.

Die Spielregeln beim Fernsehen sind allerdings streng: Sie müssen schnell, kurz und prägnant auf den Punkt kommen. Oft haben Sie nur einen einzigen Satz, um Ihre Kernbotschaft zu vermitteln. Der Grund ist simpel: Die Zuschauer, insbesondere bei den Privatsendern, schalten bei längeren Statements einfach weg. Die Zusammenhänge werden immer komplizierter, zugleich nimmt die Geduld der Zuschauer ab. Sie müssen deshalb lernen, Ihr umfangreiches Fachwissen in kurze, allgemeinverständliche Sätze zu fassen.

Viele Menschen, die zum ersten Mal im Fernsehen auftreten, haben Angst davor, dass sie einen Blackout erleiden: Ihnen fällt auf Anhieb keine

Antwort ein, sie vergessen die Frage und stottern. Oder sie antworten recht ausführlich, die Antwort ist aber zu lang, und die Redakteurin bittet darum, das Ganze noch mal in einem Satz zu sagen … Gefährlich: Manche Fernsehredakteure wollen einfach nur ein Stück O-Ton, das in die Argumentationskette ihres Beitrags passt. Vielleicht werden Ihnen in einer solchen Situation suggestive Fragen gestellt und Sie zu einer Aussage verleitet, über die Sie sich später ärgern.

Auf derartige Situationen können Sie sich durch ein Medientraining vorbereiten. Die Trainer sind zumeist erfahrene Journalisten mit langjähriger Erfahrung in Rundfunk und Fernsehen. Das macht die Lernsituation realitätsnah und sorgt zugleich für ein besseres Verständnis der Spielregeln im TV- und Radiobetrieb und der Bedürfnisse des jeweiligen Medienpartners. Es reicht nicht aus, solche Stresssituationen theoretisch zu analysieren. Viel wichtiger ist es, dass Sie Ihr Verhalten immer wieder anhand realitätsnaher Szenen üben. Dabei werden die Interviews per Video aufgezeichnet und dann gemeinsam mit dem Trainer ausgewertet.

Angebote dazu gibt es in Form von Einzeltrainings oder in Gruppen. Vorteil des Gruppencoachings: Sie lernen auch von den Fehlern der anderen Teilnehmer und stellen fest, dass diese ebenfalls nicht perfekt sind. Ein wichtiges Ziel ist, dass Sie durch die praktischen Übungen Selbstvertrauen und Sicherheit im Umgang mit dem Medium Fernsehen gewinnen. Wenn Sie bereits TV-Erfahrungen gemacht haben, sollten Sie auf jeden Fall Ihre Mitschnitte mitbringen und mit dem/r Trainer/in besprechen.

Bei einem guten Medientraining geht es nicht nur darum, was Sie sagen, sondern auch um die nonverbalen Anteile Ihrer Kommunikation, zum Beispiel Ihre gesamte Körpersprache, den Tonfall, das Mienenspiel sowie Augenkontakt. Sie können sich nicht komplett verstellen, Ihr Körper verrät Sie: Medienprofis erkennen unmittelbar, wenn ein Gesprächspartner unter Druck gerät oder vielleicht sogar lügt – und fragen dann unter Umständen gnadenlos nach. Die Zuschauer merken ebenfalls instinktiv, wenn das, was Sie sagen, nicht authentisch ist. Auch Ihre Kleidung spielt eine Rolle. Wenn Sie ein auffälliges Sakko tragen, lenkt es womöglich die Aufmerksamkeit der Zuschauer von Ihren Aussagen ab. Auch in Bezug auf solche Fragen berät Sie ein/e Medientrainer/in. Machen Sie sich klar, dass die Fähigkeit, Ihre Kernbotschaften auch unter Druck knapp und klar formulieren zu können, Ihnen ebenso in vielen anderen Situationen zugute kommt. Ein Medientraining lohnt sich also allemal.

# Mehr als ein Buch: weitere Serviceleistungen

Das Lesen dieses Buches ist nur der erste Schritt. Wir wollen Sie auf dem sich anschließenden Weg begleiten und Sie durch eine Reihe von Service-Angeboten unterstützen.

- In zahlreichen Städten bieten wir bundesweit unseren Workshop „Effektive Pressearbeit" an, der das vorliegende Buch ergänzt und Ihnen dabei hilft, Ihre Pläne schneller in die Tat umzusetzen. Als Teilnehmer/in können Sie Ihre eigenen Pressemitteilungen oder Entwürfe mitbringen. Die Referentinnen und Referenten werden Ihnen dazu fundiertes Feedback geben und Ihnen sagen, wie Sie ganz konkret die Chancen einer Veröffentlichung erhöhen.
- Unser „Netzwerk für Existenzgründer und Selbständige" bei XING im Internet (www.xing.com) mit mehr als 80.000 Mitgliedern bietet Ihnen die Möglichkeit, Fragen zu allen Aspekten der Pressearbeit mit anderen Teilnehmern und Experten zu diskutieren. Hier finden Sie auch Hinweise auf PR-Gelegenheiten, zum Beispiel wenn Journalisten Gesprächspartner für einen Artikel oder einen TV-Beitrag suchen.
- Sicher sind Ihnen die Service-Links im Buch aufgefallen. Auf unserer Website stellen wir Ihnen über die Inhalte des Buches hinaus vertiefende Informationen zur Verfügung.

- Damit Sie keine wichtigen Entwicklungen zum Thema „Pressearbeit" verpassen, sollten Sie zudem unseren kostenlosen Newsletter abonnieren. Er enthält regelmäßig Tipps und Neuigkeiten zum Thema Pressearbeit.

Weitere Informationen zu all diesen Aktivitäten und Service-Angeboten finden Sie unter www.jeder-ist-unternehmer.de.

# Stichwort-verzeichnis